U0176694

建筑冷热源低谷电蓄能技术与应用

Off-peak Electricity Energy Storage Technology and
Application of Building Cooling and Heating Energy System

李成军 张 欢 王天宇 编著

中国建筑工业出版社

图书在版编目（CIP）数据

建筑冷热源低谷电蓄能技术与应用＝Off-peak
Electricity Energy Storage Technology and
Application of Building Cooling and Heating Energy
System/李成军，张欢，王天宇编著.—北京：中国
建筑工业出版社，2021.10

ISBN 978-7-112-26617-3

Ⅰ.①建… Ⅱ.①李…②张…③王… Ⅲ.①蓄能器
-应用-房屋建筑设备-研究 Ⅳ.①TU

中国版本图书馆 CIP 数据核字（2021）第 190149 号

责任编辑：费海玲 张幼平
责任校对：张惠雯

建筑冷热源低谷电蓄能技术与应用

Off-peak Electricity Energy Storage Technology and

Application of Building Cooling and Heating Energy System

李成军 张 欢 王天宇 编著

*

中国建筑工业出版社出版、发行（北京海淀三里河路9号）

各地新华书店、建筑书店经销

唐山龙达图文制作有限公司制版

天津翔远印刷有限公司印刷

*

开本：787毫米×1092毫米 1/16 印张：11¼ 字数：244千字

2021年9月第一版 2021年9月第一次印刷

定价：**58.00** 元

ISBN 978-7-112-26617-3

(37973)

前言

建筑能源消耗占总能耗的 30%，其中冷热源的能耗占建筑能耗的 55%，因此降低大型公共建筑的能耗和在大型公共建筑中采用低谷电蓄能技术具有重要的意义。

低谷电蓄能技术起源于欧美发达国家，20 世纪 70 年代中期，随着世界范围内能源危机的出现，冰蓄冷技术的发展得到了新的、更强大的推动力，当时发达国家工业发展迅速，电力负荷飞速增长，日间和夜间用电负荷差距急剧拉大，形成了明显的峰谷电差。日间，工厂、商业、办公、医院、住宅高负荷用电，发电厂高负荷甚至超负荷运转，而夜间发电厂又会在低负荷下运转，因此蓄能技术被引入，并得到迅猛发展。美国南加利福尼亚爱迪生电力公司于 1978 年率先制定分时计费的电费结构，1979 年编写并出版了《建筑物非峰值期降温导则》，1981 年后推广应用蓄冷技术，并颁布相关的奖励措施。到 90 年代，美国已有 40 多家电力公司制定了分时计费电价，从事冰蓄冷系统开发及冰蓄冷专用制冷机开发的公司也多达数十家。欧洲、日本等经济发达国家以及我国的台湾地区也在 20 世纪 80 年代开始了冰蓄冷技术的应用研究。我国在 1994 年电力部郑州会议上，正式将蓄冰空调系统写入国家红头文件，将其列为十大节能措施之一。目前中国的大部分重点建筑工程、标志性建筑都采用了冰蓄冷技术，冰蓄冷技术的广泛应用为中国的节能减排做出了巨大贡献。

电网在运行中的负荷很不平衡，利用低谷电蓄能技术解决建筑的冷热源可以帮助电网"削峰填谷"，平衡负荷。低谷电蓄冷、蓄热是利用夜间低谷电蓄冷，白天通过融冰板式换热器释冷供空调使用，具有以下优点：1. 为用户降低运行费用；2. 削峰填谷、平衡电网负荷，电网负荷率上升可以减少发电煤耗，同时降低电网线损，延长电网使用年限；3. 降低用户端峰值负荷，保证供电设备稳定运行。随着对节能减排的重视程度的不断提高，低谷电蓄能技术在大型公共建筑以及工业建筑中的应用会越来越广泛。为了促进环保减少碳排放，有些地方政府给予了很大力度的支持甚至补助，这些举措更加推动了低谷电蓄能空调技术的广泛应用。

正是基于这样一种应用前景，本书在简要介绍了低谷电蓄能技术之后，重点介绍了低谷电蓄能装置及自控技术在低谷电蓄能空调中的应用，并结合大量冰蓄冷、电蓄热工程运行数据分析了相关应用的价值。本书分为四个章节。第一章主要阐述了蓄能空调（冰蓄冷空调、水蓄冷空调、水蓄热空调）的发展史、技术原理和意义、技术特点、适用条件、设备分类、配置模式和机房设计要点；第二章主要介绍了蓄能空调设备（冰蓄冷设备、蓄热设备）的分类和特点；第三章主要介绍了自控技术在低谷电蓄能空调中的应用；第四章主要介绍了蓄能技术应用实例，包括冰蓄冷空调技术应用实例、水蓄冷空调技术应用实例、电阻式锅炉水蓄热技术应用实例、电极锅炉技术应用实例。除了李成军、张欢、王天宇外，参与本书编著的还有张建明、李成志、李承春、于东。

由于编者水平有限，书中难免有许多不妥之处，恳请读者批评、指正。

目录

3 自控技术在低谷电蓄能空调中的应用 51

1 低谷电蓄能空调技术

建筑低谷电蓄能技术就是利用蓄能设备，在空调系统不需要能量或用能量小的时间内将能量储存起来，在空调系统需求量大的时间将这部分能量释放出来。建筑低谷电蓄能技术分为蓄冷空调技术和蓄热空调技术两类，其中蓄冷空调技术又分为冰蓄冷空调技术和水蓄冷空调技术。在这一章里，我们将介绍冰蓄冷空调技术、水蓄冷空调技术和水蓄热空调技术。

1.1 冰蓄冷空调技术

1.1.1 冰蓄冷空调技术的发展历史

早在几千年前，我国最早的诗歌总集《诗经》中就有"凿冰冲冲，纳于凌阴"的记载，当时还没有机械制冷，我们的祖先利用大自然的造化将冬天的冰储存起来到夏天使用，这应该是最古老的蓄冰工程了。

1）国外冰蓄冷空调技术的发展

国外利用机械制冷机的蓄能空调最早出现在 20 世纪 30 年代的教堂中。由于教堂里平时人员少、负荷需求少，而礼拜日人员多、负荷需求大，受制造工艺所限，当时制冷机的制冷容量均较小，因此平日制冷并蓄冰，到礼拜日制冷机和融冰同时使用以满足供冷需求。这充分体现了蓄能系统的优点，可减少设备容量并提高设备的使用率。之后主要应用于剧院和乳品厂等负荷集中、间歇供冷的场所内。随着机械制造业的进步，蓄冷技术的发展很快停滞下来。

到了 20 世纪 70 年代中期，随着世界范围内能源危机的出现，蓄冷技术的发展获得了新的、更强大的推动力。美国南加利福尼亚爱迪生电力公司于 1978 年率先制定分时计费的电费结构，1979 年编写并出版了《建筑物非峰值期降温导则》，1981 年后推广应用蓄冷技术，并颁布相关的奖励措施。到 90 年代，美国已有 40 多家电力公司制定了分时计费电价，从事蓄冷系统开发及冰蓄冷专用制冷机开发的公司也多达数十家。

欧美经济发达国家从 20 世纪 60 年代开始使用冰蓄冷技术，目前 60％以上的建筑物在使用冰蓄冷技术。日本使用冰蓄冷系统的建筑物大约有 10 万座以上。韩国也在 1999 年立法，3000m² 以上的新建建筑物必须配有冰蓄冷技术。

2）国内冰蓄冷空调技术的发展

我国在 1994 年电力部郑州会议上，正式将冰蓄冷技术列为十大节能措施之一，当年在深圳电子大厦建成了第一个冰蓄冷空调系统。2007 年 12 月，冰蓄冷技术被《国务院能源政策白皮书》列为节能减排三大支撑技术之一；2008 年 3 月被列为国家级重点支持高新技术。至今已建成投入运行或正在施工的应用水蓄冷和冰蓄冷空调系统的工程已有几千项。为鼓励蓄冰空调节能技术的发展，部分地区已出台强制性管理政策，要求 3 万 m² 以上的新增建筑必须有蓄冰系统，蓄冰用户有取消电力增容费、财政补贴等优惠政策。未来还将进一步拉大峰谷电价差。

1.1.2 冰蓄冷空调技术的原理及意义

1）冰蓄冷空调技术的概念

冰蓄冷空调技术是利用蓄冰介质（水）的显热及潜热迁移等特性，在建筑物非空调使用时间将能量以冰的形式蓄存起来，然后根据空调负荷要求释放这些冷量，以供应建筑物所需冷量全部或部分，这样在用电高峰时期就可以少开甚至不开主机。

2）冰蓄冷空调技术的意义

当空调使用时间与非空调使用时间和电网高峰与低谷同步时，就可以将电网高峰时间的空调用电量转移至电网低谷时，达到节约电费的目的。

（1）在一般大楼中，空调系统用电量占总耗电量的 35%～65%，而制冷主机的电耗在空调系统中又占 65%～75%。在常规空调设计中，冷水主机及辅助设备容量均按尖峰负荷来选配，这使空调设备在绝大部分情况下均处于部分负荷状态运行而极不经济。采用冰蓄冷技术可以很好地解决这一问题。

（2）空调负荷的分布在一年之内极不均衡，尖峰负荷约占总运行时间的 6%～8%。如果设计中能选择与实际冷负荷相匹配的制冷机，而且让其在绝大多数情况下高效运行，这对空调系统节能是十分有利的。

1.1.3 冰蓄冷空调技术的特点

（1）平衡电网峰谷负荷，减少电厂和输配电设施的建设和投资。

（2）减小空调用户制冷主机容量，降低空调系统电力增容费和供配电设施费。

（3）利用电网峰谷负荷电力差价，降低空调运行费用。

（4）冷冻水温度可降到 1～4℃，实现大温差、低温空调送风，节省水、风输送系统的投资和能耗。

（5）相对湿度较低，空调品质提高，防止中央空调综合症。

（6）具有应急冷源，空调使用可靠性提高。

（7）冷量对全年负荷的适应性好，能量利用率高。

（8）通常在不计电力增容费的前提下，一次性投资较大。

（9）蓄冷时由于制冷主机的蒸发温度较低，效率有所下降。

（10）尽管由于制冷设备的减少可以减小空调机房面积，但要增加放置蓄冰设备的地方。

1.1.4 冰蓄冷空调技术的适用条件

在执行峰谷电价且峰谷电价差较大的地区，具有下列条件之一，经济技术比较合理时，宜采用蓄冷空调系统：

（1）建筑物的冷负荷具有显著的不均衡性，低谷电期间有条件利用闲置设备进行制冷时。

（2）逐时负荷的峰谷差悬殊，使用常规空调系统会导致装机容量过大，且经常处于部分负荷下运行时。

（3）空调负荷高峰与电网高峰时段重合，且在电网低谷时段空调负荷较小。

（4）有避峰限电要求或必须设置应急冷源的场所。

（5）采用大温差低温供水或低温送风的空调工程。

（6）采用区域集中供冷的空调工程。

（7）在新建或改建项目中，需具有放置蓄冰装置的空间。

1.1.5 冰蓄冷空调设备的分类

1）直接蒸发制冰

（1）金属盘管外融冰式。

（2）片冰机、管冰机、板冰机等机械制冰。

（3）冰晶式。

2）间接蒸发制冰

（1）不完全冻结式：金属（蛇形）盘管、导热塑料管。

（2）完全冻结式：如螺旋状塑料盘管、U形塑料管。

（3）容器式：如冰球、冰板、冰管等。

从运行的可靠性、合理性、经济性等多方面考虑，一般建议采用不完全冻结式蓄冰设备。

3）不完全冻结式蓄冰设备介绍

（1）镀锌钢制蓄冰盘管（图1-1）技术特点

优点：焊接完成后整体热镀锌，具有足够的结构强度，可实现多层排布安装，将有限的空间高效利用；在同样换热面积下，结冰速度和融冰速度优于其他材质的蓄冰盘管，在相同蓄冰量时，所占体积最小；管径较大，乙二醇溶液使用量小，融冰速率均匀。

缺点：结冰冰层较厚，管道会受乙二醇溶液腐蚀，对乙二醇品质要求较高，且设备较重，安装需要吊装设备。

（2）塑料蓄冰盘管（图1-2）技术特点

优点：防腐性能好，乙二醇品质要求低，盘管可分散组装，安装轻便灵活。

图 1-1　镀锌钢制蓄冰盘管

缺点：管径小，容易阻塞，融冰效率较低，金属接头（多为不锈钢）与塑料的膨胀系数不一样，接头容易胀裂，塑料盘管结冰后会变形，容易形成千年冰，塑料盘管容易疲劳破裂，传热系数较小，需要换热面积大，冰槽占地面积要求较大。

图 1-2　塑料蓄冰盘管＋

（3）导热复合蓄冰盘管（图 1-3）技术特点

图 1-3　导热复合蓄冰盘管

优点：防腐性能好，乙二醇品质要求低，盘管可分散组装，安装轻便灵活；接头与管材材质相同，接头一次性成型，安全性能高；传热系数接近冰，需要换热面积大于金属盘管而小于塑料盘管，冰槽占地面积要求较小。

缺点：盘管支管与主集管热熔焊接，焊接水平要求高，焊口易渗漏。

1.1.6　冰蓄冷空调系统的配置模式

1）冰蓄冷空调系统配置模式介绍

冰蓄冷空调系统有全量蓄冰系统和分量蓄冰系统两种形式。全量蓄冰是利用谷段电力储存足够的冰量，在白天非电力谷段融冰释冷以承担全部的空调负荷；分量蓄冰是利用谷段电力储存一定冰量以承担白天非电力谷段的部分空调负荷，而其余部分的空调负荷则由制冷主机提供。

全量蓄冰具有明显的移峰填谷效果，但是这种模式所配置的蓄冷设备和制冷主机容量均比分量蓄冰大，从而大大增加系统的初投资。所以一般情况下，分量蓄冰经济性比较好，比全量蓄冰有更广泛的适用性。

冰蓄冷空调系统的主要组成部分包括制冷系统、蓄冰装置和空调设备。对于分量蓄冰系统而言，根据冷水机组和蓄冰装置在系统中连接方式的不同，分并联和串联系统两大类，后者按冷水机组和蓄冰装置的相对位置关系又分为主机上游和蓄冰装置上游两种形式。主机上游的串联系统，回水先流经冷水机组，使机组能在较高的蒸发温度下运行，因此主机的能耗就较低。目前通常采用主机上游串联布置方式，如图 1-4 所示。

（1）串联主机上游系统流程特点

① 乙二醇系统供水温度低，根据要求可以提供 2～4℃的低温乙二醇。

② 制冷主机效率高，较并联流程提高 3%～4.5%，较主机下游串联流程提高 9%左右。

③ 乙二醇侧大温差设计，较并联流程减小了乙二醇泵、管路及附件规格。

④ 系统乙二醇填充量约为冰球或冰板系统的 1/4。

⑤ 系统控制简单，可以轻松实现各种工况切换并根据负荷情况选择主机优先或融冰优先的控制模式。

⑥ 系统运行能耗低。

⑦ 系统流程更简单、布置紧凑，简化施工及维护管理。

（2）机组和蓄冰设备的容量确定

确定了系统的布置及工作模式以后，可根据夏季空调设计日最高冷负荷、全日冷负荷分布及总冷负荷量，以及白天、夜间的操作情况，按下式来确定最佳的双工况制冷机组空调制冷量 Q_o（Q_{OC}，Q_{OI}）及蓄冰设备的蓄冰量 Q_{ice}。

机组空调工况制冷量

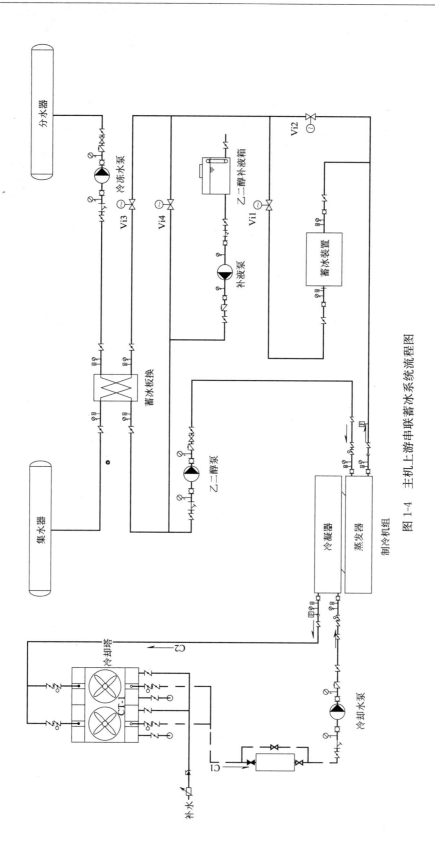

图 1-4 主机上游串联蓄冰系统流程图

$$Q_{OC} = Q/(H_d + CCR \times H_n) \qquad \text{（主机优先）}$$

$$Q_{OI} = Q_{max} \times H_d/(H_d + CCR \times H_n) \qquad \text{（融冰优先）}$$

蓄冰量

$$Q_{ice} = Q_o \times CCR \times H_n$$

式中：Q——设计日总冷负荷，kWh；

　　H_d——白天空调用压缩机运行时间，h；

　　H_N——晚间制冰用压缩机运行时间，h；

　　Q_{max}——设计日最高峰负荷，kW；

　　CCR——制冷机组制冰工况容量与空调工况容量之比。

2）系统控制策略及特点

分量蓄冰系统的控制比较复杂，除了保证蓄冰工况与供冷工况之间的转换操作以及空调供水温度控制以外，主要应解决制冷主机和蓄冰设备之间的供冷负荷分配问题，即充分利用蓄冰系统节省运行费用。常用的控制策略有三种，即主机优先、融冰优先和优化控制。

（1）制冷主机优先控制特点

① 主机满负荷运行，冷量不足由融冰补充。

② 在部分负荷时，主机出水温度下降，效率降低。

③ 随着建筑物负荷的降低，蓄冰设备的使用率也会降低，不能有效削减峰值用电而节约运行费用。

④ 控制简单，运行可靠。

制冷主机优先控制原理，如图 1-5 所示。

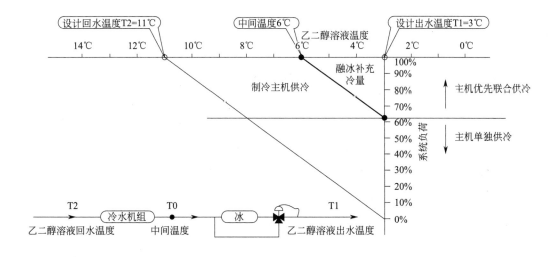

图 1-5　主机优先控制原理图

（2）融冰优先控制特点

① 蓄冰设备按要求提供冷量，冷量不足由主机补充，主机经常运行在部分负荷下。

② 主机出水温度设定较高，效率较高。

③ 随着建筑物负荷的降低，蓄冰设备的使用率能得到保证，能有效削减峰值用电而节约运行费用。

④ 控制较主机优先复杂，如果不能解决好释冷量在时间上的分配问题，可能造成某些时间段总的供冷能力不足。

融冰优先控制原理，如图1-6所示。

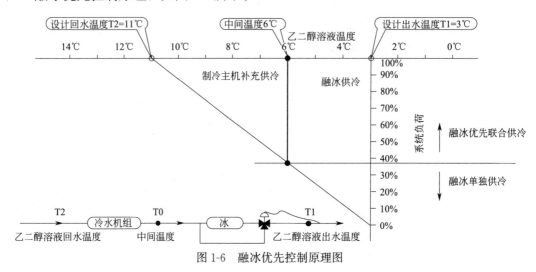

图1-6 融冰优先控制原理图

3）优化控制的特点

优化控制是根据以往的负荷情况、运行情况、次日的天气情况预测次日的负荷，并根据预测负荷及系统约束条件对次日的运行方案进行优化，输出次日各时刻的运行工况，包括制冷机的开启台数、蓄能水泵的开启台数以及主机的设定（运行工况及温度设定）。

优化控制主要包括的约束条件

① 每个时刻空调系统所需要的总负荷等于能源设备提供的负荷与蓄能设备提供的负荷之和；

② 能源设备提供的负荷必须不大于能源设备所能提供的最大负荷；

③ 为保证能源设备高效率运行，每台能源设备所提供的负荷不小于能源设备额定负荷的50%；

④ 蓄能设备所提供的负荷不得大于蓄能设备的最大蓄能能力；

⑤ 能源设备（制冷机、电锅炉）开启台数不得超过总的能源设备台数；

⑥ 蓄能水泵的开启台数等于能源设备的开启台数；

⑦ 应将放能尽量用在电价高峰时段；

⑧ 应保证放能的合理分配，既要保证满足负荷要求，又要尽量将储存能量全部

放出；

⑨ 考虑制冷机出口温度对盘管融冰速率的影响；

⑩ 考虑系统流量对蓄能速率的影响；

⑪ 考虑蓄能设备出口温度设定对蓄能设备放能速率的影响；

⑫ 在保证负荷要求的情况下，尽量不要在用电低谷时段放能。

优化控制可使冰蓄冷系统最大限度地发挥作用，尽可能地减少负荷高峰期的用电，最大程度减少用户电费。

1.1.7 冰蓄冷空调机房设计要点

1）双工况制冷主机（制冰和空调两种运行工况）

（1）当冰蓄冷系统制冷主机为 2 台以上（含 2 台）时，主机蒸发器出口需设电动开关阀。

（2）主机蒸发器进出口宜设旁通电动开关阀。

（3）主机蒸发器承压一般为 1.0MPa，冷凝器承压需根据冷却塔放置位置进行计算。一般承压值在 1.6MPa 附近时将水泵设为抽吸式，以避免主机承压跳档至 2.5MPa。

（4）主机蒸发器与乙二醇泵可以一对一连接，也可总管连接。若总管连接，主机蒸发器出口需设电动开关阀。

（5）主机冷凝器一般与冷却水泵一对一连接，若采用总管连接，主机冷凝器出口需设电动开关阀。

（6）主机蒸发器、冷凝器进口最低处需设 DN25 排污阀。

2）制冷板式换热器

（1）板式换热器（以下根据需要简称"板换"）的承压根据末端楼高及水泵扬程进行核算，当承压值接近 1.6MPa 时，水泵一般设置为抽吸式，以避免板换承压跳档至 2.5MPa。

（2）板换换热量按尖峰负荷减去基载主机制冷量选取，设备一般设置 2 台以上，具有一定的备用性。

（3）板换两侧进口最低点应设 DN25 排污阀。

（4）当系统比较大，乙二醇侧主管管径过大时，可将板换进口主管电动阀设置到每台板换乙二醇侧入口，降低单个电动阀口径，提高调节性能；当板换台数比较多时，板换冷冻水侧也应设电动阀，以避免小负荷小流量时层流影响换热。

3）蓄冰设备

（1）蓄冰设备上方人孔处设 DN25 自来水管配阀，给水箱补水。下设 DN40 排污阀。

（2）蓄冰设备支管接管应弯管后水平接入总管，盘管尽量不要走在盘管接管的正上方。

（3）蓄冰设备有整体式、整个槽体芯子拼装式和圆盘管。整体式需要考虑吊装孔尺寸、承重和高度空间；整个槽体芯子拼装式需要考虑槽体安装空间、内加强筋还是外加强筋、保温形式、承重；如果是双层盘管，还需要考虑内管接管及检修空间，上层盘管安装就位预留侧板。

4）水泵

（1）乙二醇泵流量通过板式换热器的换热量来进行计算，主机空调工况制冷量按 5℃温差进行核算，如果不匹配，通过调整板式换热器的进出口温度进行匹配，乙二醇泵扬程按设计日主机和蓄冰槽联合供冷工况最不利环路进行计算。单级乙二醇泵应调变频控制。

（2）冷冻水泵流量按板式换热器的换热量及供回水温差进行计算。冷冻水泵扬程按设计日负荷最不利环路进行计算。

（3）冷却水泵流量计算时换热量需要考虑主机空调工况制冷量、输入功率及冷却水泵功率。冷却水泵扬程计算时需考虑冷却塔塔体扬程。

（4）大型系统需考虑部分负荷时水泵超流过载，一般设置流量平衡阀。

5）冷却塔

（1）冷却塔屋面进出水接管需与地下室机房进出水管接口对应，不得接反。

（2）设备基础高度一般高出屋面建筑面层 800mm，若回水管至管井的水平管长度过长，需核算集水盘水位静压是否能够克服水平管阻力，需保证管内静压。

（3）冷却塔集水盘之间宜设置平衡管来平衡液位，以避免一边溢流一边补水的状况。或可设置整体集水盘。

（4）冷却塔进水管上若设置电动开关阀，则出水管上也需要设置，一般通过冷却塔风机的启停来实现节能控制。

（5）当过渡季节或者冬季室外温度过低仍需供冷时，冷却塔需要设置旁通电动开关阀，或热源加热将冷却水温度加热至主机可开启的温度值。

6）定压装置

（1）冷冻水末端定压装置一般采用高位膨胀水箱定压，高位膨胀水箱设置于建筑最高层顶部。当设置高位膨胀水箱有困难时，可采用落地式定压膨胀罐定压，设置于地下室机房。

（2）乙二醇系统定压有三种方式：高位膨胀水箱、高低位膨胀水箱和落地式膨胀水箱。当制冷机房上一楼层没有位置可放置膨胀水箱时，可采用高位膨胀水箱定压；当制冷机房上一楼层没有位置，而制冷机房空间比较高时，可采用高低位膨胀水箱定压；以上条件都不具备时，需采用落地式膨胀水箱定压。

7）管道及传感元器件

（1）管道系统的接管需与流程图保持一致。

（2）机房内管道层数最多不超过 3 层，最好布置为 2 层，管道布置应尽量减少交叉和上翻下翻。

（3）设备进出口应设置专门的支吊架，避免管道运行重量直接作用在设备上，造成设备损坏。

（4）乙二醇管道和冷冻水管道要进行防腐和绝热施工，冷却水管道进行防腐施工。

（5）冷却水管道上要设置电子除垢仪或者旁通水处理设备。

（6）冷冻水系统需要设流量传感器进行负荷计算，乙二醇侧采用液位传感器对冰量进行计量，流量计量根据业主要求选择。

（7）有能源管理系统要求的项目必须设置电量计量。

（8）冷冻水供回水主管和乙二醇系统设置压力传感器。

（9）蓄冰设备进出口、板换进出口、冷却水回水主管上设置温度传感器。

（10）室外冷却塔附近设置温湿度传感器。

8）系统控制

电控系统由电气控制柜、受控设备和系统信息采集用检测仪表三部分组成。

（1）自动控制功能

控制系统按每天预先编排的时间顺序来控制制冷主机的启停及监视各设备工作状况，主要功能：控制制冷主机启停、故障报警；控制乙二醇泵启停、故障报警；控制冷却水泵和冷冻水泵启停、故障报警；控制冷却塔风机启停、故障报警；冷却水和冷冻水供水温度监测；乙二醇供回水温度监测；蓄冰槽进出口温度监测；末端乙二醇流量监测；室外温湿度监测；空调冷负荷，各时段用电量及峰谷电量，各种数据统计表格、曲线监测；存冰量记录显示；无人值守运行；各时段用电量及电费自动记录。

（2）系统控制设计

① 自动控制功能：系统可在监控计算机上操作，系统状态由计算机显示，各统计数据可用打印机打印保存；监控计算机脱机状态下，系统可以由控制柜触摸屏手动控制。

② 优化控制：根据室外温度、天气走势、历史记录，自动选择主机优先或者融冰优先运行方式。自控系统能根据以往的空调负荷曲线和预报的环境温度，决定当天采用哪种运行模式。

③ 无人值守：系统可脱离上位机操作，根据时间表，自动进行制冰和控制系统运行、工况转换，对系统故障进行自动诊断，并向远方报警。

④ 节假日设定：空调系统根据时间表自动运行，节假日和工作时间表容易设置，对重要场所进行恒温控制和远方设定，特殊日期设定工作或停止。

1.2 水蓄冷空调技术

1.2.1 水蓄冷空调技术的发展历史

储水空调出现在1930年左右，最初用于剧院、教堂、乳品加工厂等短期用冷负荷集中的场所。这种储水技术可以用小冰箱带动大冷负荷，减少制冷系统的初投资。后来冰箱成本明显降低，这项技术的应用陷入停滞期。1973年的能源危机再次引起了人们对空调和冷库的关注。20世纪80年代，水蓄冷空调技术在能源紧缺的发达国家迅速普及，在大型商场、写字楼、商住楼、酒店、娱乐场所、医院等场所应用效果显著。

世界上所有的发达国家都已经或正在使用蓄水空调，该技术在国际上是一项成熟的技术。目前，最新的储水空调采用低温、大温差冷风送风技术，少数项目实现了投资小于常规空调系统。

随着社会发展和生活水平的提高，我国各地空调用电量出现了较大幅度的增长。而且因为晚班生产效率低，需要支付额外的夜班工资，很多企业逐渐回归白天生产，导致低谷用电负荷逐年相对下降。因此，城市用电峰谷差日益增大，城市用电高峰期电力供应紧张，低谷时电力过剩。因此，政府大力鼓励在低谷时间段用电。

与传统的空调系统相比，蓄水空调在减少峰谷、优化资源配置、减少电站投资、保护生态环境等方面具有良好的社会效益。采用蓄水空调的业主也可以获得以下效益：降低发电成本，降低制冷主机的装机容量，减少相应的配电设备投资，节省大量运行成本，在停电时继续作为应急冷源供应。

最近几年我国的工程技术人员对水蓄冷空调系统作了大量探索和研究，一些工程载冷体工作温差达8～10℃，甚至更大，蓄冷密度得到了大幅提高，由此使贮冷槽容积大大减少，工程造价、传热损耗乃至载冷体输送功耗亦随之减小。因其系统简单并可节约空调系统运行费用，水蓄冷技术在建筑空调系统中显示出了较为广泛的适应性。目前在国内已经出现了一些大型的采用水蓄冷冷源技术的中央空调系统工程。

1.2.2　水蓄冷空调技术的原理及意义

1) 水蓄冷空调原理

水蓄冷系统是利用水的显热来储存冷量，水经过冷水机组冷却后储存于蓄冷槽中用于次日的冷负荷供应，即夜间制出4℃左右的低温水，该温度适合于大多数常规冷水机组直接制取冷水。在白天空调负荷较高的时候，自动控制系统决定制冷主机和蓄冷槽的供冷组合方式，尽量在白天峰电时段内由蓄冷槽供冷，不开或者少开制冷主机，以降低空调系统的运行费用。

蓄冷槽储存冷量的大小取决于蓄冷槽储存冷水的数量和蓄冷温差。温差的维持可通过降低储存冷水温度、提高回水温度以及防止回流温水与储存冷水的混合等措施来实现，典型的水蓄冷系统蓄冷温度在4～7℃。在常压下，水的密度在4℃时最大，对温度自然分层最为有利，因此是水蓄冷系统中最为常见的蓄冷温度。水蓄冷槽中的水温分布是按其密度自然地进行分层的，在水温大于4℃的情况下，温度低的水密度大，位于蓄冷槽的下方，而温度高的水密度小，位于蓄冷槽的上方，在充冷或释冷过程中，水流缓慢地自下而上或自上而下地流动，整个过程在蓄冷槽内形成温度分层。

2) 水蓄冷空调技术的意义

当空调使用时间与非空调使用时间和电网高峰与低谷同步时，就可以将电网高峰时间的空调用电量转移至电网低谷时使用，达到节约电费的目的。

（1）在一般大楼中，空调系统用电量占总耗电量的 35%～65%，而制冷主机的电耗在空调系统中又占 65%～75%。在常规空调设计中，冷水主机及辅助设备容量均按尖峰负荷来选配，而空调设备在绝大部分情况下均是部分负荷状态下运行，这样很不经济。采用水蓄冷技术可以很好地解决这一问题。

（2）空调负荷的分布在一年之内极不均衡，尖峰负荷约占总运行时间的 6%～8%。如果设计中能选择与实际冷负荷相匹配的制冷机，而且让其在绝大多数情况下高效运行，将有利于对空调系统节能。

1.2.3 水蓄冷空调技术的特点

（1）可凭借当地峰谷电优惠电价政策，充分利用夜间低谷电，从而大量节省运行电费。

（2）夜间气温降低，冷却塔散热更加充分，制冷主机的冷凝工况更好，制冷效率 COP 随之提高 6%～8%，系统满负荷运转时间大幅度增加，年总的开机台时数少于常规系统，从而使空调系统的总节电率达 20%～35%。

（3）水蓄冷可以使用常规电制冷冷水机组或溴化锂吸收式制冷机组。此项技术既可以用于新建项目，也可以用于常规供冷系统扩容或改造项目。无需对原有系统进行任何改动，只需在原系统中添加水蓄冷设备所需的管路即可，对原有系统没有任何影响，不增加制冷机组容量却可达到增加供冷容量的目的。

（4）制冷系统的容量只需按照日平均负荷选择即可，利用消防水池、原有蓄水设施或建筑物地下室等作为蓄冷容器，在避免"大马拉小车"的同时降低初投资，使用期间单位蓄冷投资随着水蓄冷设备体积的增大而相对降低。水蓄冷系统是一种较为经济的储存大量冷量的方式。蓄冷设备体积越大，单位蓄冷量的投资越低。当蓄冷量大于 7000kWh（603 万 kcal），或蓄冷容积大于 760m³ 时，水蓄冷是最为经济的。

（5）作为备用冷源，增加了空调系统的可靠性。由于夜间已蓄冷，白天突然停电时，只需较少的动力驱动水泵和末端空调电机，即可维持空调系统供冷。

（6）水蓄冷设备可实施夏季蓄冷、冬季蓄热，做到蓄冷、蓄热两用。

（7）可结合大温差、低温送水技术和低温送风技术，提高空调品质，降低设备噪声并节约空调末端系统投资。

（8）主机在最佳状态下运行；满负荷运行时间增加，部分负荷运行时间减少，节省维护保养费用。

（9）技术要求低，维修方便，无需特殊的技术培训。

（10）提高空调的品质，即需即供，供冷速度快。可按需调节供冷量，对供冷量的调节快捷而方便，系统运行稳定、安全。

1.2.4　水蓄冷空调技术的适用条件

在执行峰谷电价且峰谷电价差较大的地区，具有下列条件之一，经济技术比较合理时，宜采用蓄冷空调系统：

（1）建筑物的冷负荷具有显著的不均衡性，低谷电期间有条件利用闲置设备进行制冷时。

（2）逐时负荷的峰谷差悬殊，使用常规空调系统会导致装机容量过大，且经常处于部分负荷下运行时。

（3）空调负荷高峰与电网高峰时段重合，且在电网低谷时段空调负荷较小。

（4）有避峰限电要求或必须设置应急冷源的场所。

（5）采用大温差低温供水或低温送风的空调工程。

（6）采用区域集中供冷的空调工程。

（7）在新建或改建项目中，需具有放置蓄冷设备的空间。

1.2.5　水蓄冷设备的分类

水蓄冷设备的主要形式有多槽式、迷宫式、温度分层式，其中温度分层式是最常规的设计方法。

1）多槽式水蓄冷设备

将冷水和热水分别储存在不同的设备中，以保证送至负荷侧的冷水温度维持不变。多个蓄水设备有不同的连接方式。一种是空罐方式：保持蓄水罐系统中总有一个罐在蓄冷或放冷循环开始时是空的；随着蓄冷或放冷的进行，各罐依此倒空。另一种连接方式是将多个罐串联连接或将一个蓄水罐分隔成几个相互连通的分格。蓄冷时，冷水从第一个蓄水罐的底部入口进入罐中，顶部溢流的热水送至第二个罐的底部入口，依此类推，最终所有的罐中均为冷水；放冷时，水流动方向相反，冷水由第一个罐的底部流出，回流热水从最后一个罐的顶部送入。由于所有的罐中均为热水在上、冷水在下，利用水温不同产生的密度差就可防止冷热水混合。多罐系统在运行时，其个别蓄水罐可以从系统中分离出来进行检修维护，但系统的管路和控制较复杂，初投资和运行维护费用较高。多槽式水蓄冷设备如图 1-7。

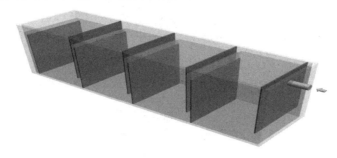

图 1-7　多槽式水蓄冷设备

2）迷宫式水蓄冷设备

采用隔板把蓄水槽分成很多个单元格，水流按照设计的路线依次流过每个单元格。迷宫法能较好地防止冷热水混合。但在蓄冷和放冷过程中热水从底部进口进入或冷水从顶部进口进入，易因浮力造成混合；另外，水的流速过高会导致扰动及冷热水的混合，流速过低会在单元格中形成死区，降低蓄冷系统的容量。迷宫式水蓄冷设备如图1-8。

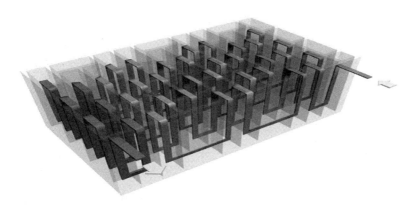

图1-8　迷宫式水蓄冷设备原理图

3）温度分层式水蓄冷设备

（1）蓄冷原理

自然温度分层就是利用水在不同温度下密度不同而实现自然分层。在蓄冷循环时，制冷设备送来的冷水由底部布水器进入蓄水罐，热水则从顶部排出，罐中水量保持不变。在放冷循环中，水流动方向相反，冷水由底部送至负荷侧，回流热水从顶部布水器进入蓄水罐。一般来说，自然分层方法是有效和经济的，蓄冷效率可以达到85％～95％。温度分层式水蓄冷设备如图1-9。

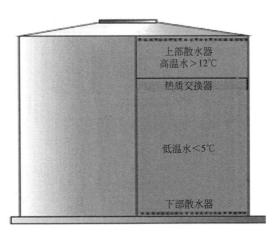

图1-9　温度分层式水蓄冷设备

水的密度与其温度密切相关。在水温大于4℃时，温度升高密度减小，而在0～4℃

范围内，温度升高密度增大，3.98℃时水的密度最大。自然分层蓄冷就是充分利用密度大的水会自然聚集在蓄冷罐的下部形成高密度水层这一现象，在分层蓄冷中使温度为4~6℃的冷水聚集在蓄冷罐的下部，而10~18℃的热水聚集在蓄冷罐的上部，实现冷热水的自然分层。自然分层水蓄冷罐设置了上下两个均匀分配水流的布水器。为了实现自然分层的目的，要求在蓄冷和释冷过程中，热水始终是从上部布水器流入或流出，而冷水从下部布水器流入或流出，尽可能形成分层水的上下平移运动。

在自然分层水蓄冷罐中，斜温层是一个影响冷热分层和蓄冷罐蓄冷效果的重要因素。斜温层是由于冷热水间自然的导热作用而形成的一个冷热温度过渡层，它会由于通过该水层的导热、水与蓄冷罐壁面和沿罐壁的导热，随着储存时间的延长而增厚，从而减少实际可用蓄冷水的体积，减少可用蓄冷量。明确而稳定的斜温层能防止蓄冷罐下部冷水与上部热水的混合。蓄冷罐储存期内斜温层变化是衡量蓄冷罐蓄冷效果的主要指标，一般希望斜温层厚度在0.3~1.0m。

蓄冷罐和斜温层内温度变化简图如图1-10。明确而稳定的斜温层能防止冷水与热水的混合。蓄冷系统能否高效率保持正常而稳定的工作，主要取决于顶部和底部布水器的设计和蓄水罐的设计。

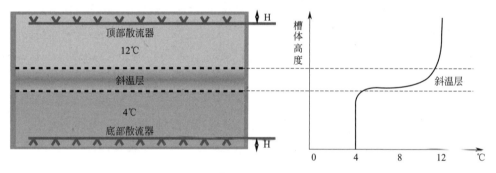

图1-10 蓄冷罐和斜温层内温度变化简图

自然分层的蓄水罐需要用布水器将水平稳地引入罐中，依靠密度差而不是惯性力产生一个沿罐底或罐顶水平分布的重力流，形成一个使冷热水混合作用尽量小的斜温层。在自然分层水蓄冷罐中，水流入的速度要相当小，以减少与罐内流体的混合。实际上，由于不可避免的导热和混合，储存水温度会升高0.5~1℃。运行过程中要求蓄冷时将斜温层全部更换，以保证每个蓄冷、释冷循环后，上一循环产生的斜温层不会影响下一循环。在0~20℃范围内，水的密度差不大，形成的斜温层不太稳定，因此要求通过布水器的进出口的水流流速足够小，以免造成斜温层的扰动破坏，这就需要确定恰当的Fr数（作用在流体上的惯性力与浮升力之比的无因次准则数）和布水器进口高度h，确定合理的Re数（说明流体流动状态的雷诺数）来避免斜温层品质的下降。在设计中要注意布水器的开口方向，尽量减少进水对罐中水的扰动。通过对温度分层型水蓄冷的模拟计算，得到以下主要结论：

① 合理设计的大型水蓄冷罐可以实现良好且稳定的温度分层。

② 斜温层的初始厚度较小，随着充冷或释冷时间的增加，斜温层随之增厚。

③ 充冷和释冷所需时间并不相同，充冷过程需要更长时间。

④ 斜温层厚度随进出口温差增加而增大。

⑤ 良好的罐体保温结构可将环境温度对罐内冷水的作用及热损失控制在较小范围。

⑥ 布水口流速增大时，斜温层厚度也随之增大。

（2）蓄冷水槽形状分析

最适合自然分层的蓄水罐的形状为直立的平底圆柱体。与立方体或长方体蓄水罐相比，圆柱体在同样的容量下，面积容量比小，蓄冷罐的面积容量比越小，热损失就越小，单位冷量的基建投资就越低。其他形状的蓄冷罐也可以用于自然分层，但必须采取措施防止由罐壁的斜坡或曲面所带来的进口水流的垂直运动。球状蓄水罐的面积容量比最小，但分层效果不佳，实际应用较少；立方体和长方体的蓄水罐可以与建筑物一体化，虽然损失较大，但可以节省基建投资。

蓄水罐的高度直径比（长径比）是设计时需要考虑的一个形状参数，一般通过技术经济比较来确定。提高高度直径比将降低斜温层在蓄水罐中所占的份额，有利于提高蓄冷效率，但在容量相同的情况下增加了蓄水罐的投资。

（3）布水器设计

常用布水器的形式有八角形（图 1-11）、H 形（图 1-12）、径向盘形和连续槽形等。八角形适用于圆柱体蓄水罐，H 形适用于立体蓄水罐。在应用中，也可以根据具体的情况来选择布水器。

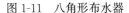

图 1-11　八角形布水器　　　　　　　　图 1-12　H 形布水器

在设计中要注意布水器的开口方向，尽量减少进水对罐中水的扰动。通常顶部布水器的开口方向朝上，避免有直接向下冲击斜温层的动量，底部布水器的开口方向朝下，避免有直接向上的动量。布水器管的开口一般为 $90°\sim120°$，如图 1-13。

图 1-13　布水器管道开孔示意图

1.2.6　水蓄冷空调系统的配置模式

1）水蓄冷配置模式介绍

水蓄冷空调系统有全量蓄冷系统和分量蓄冷系统两种形式。

（1）全量蓄冷

全量蓄冷是将电网高峰期空调所需要的负荷全部转移到电网低谷时段，在电网高峰时段制冷机组停止运行，由蓄冷设备提供全部冷量，如图 1-14。

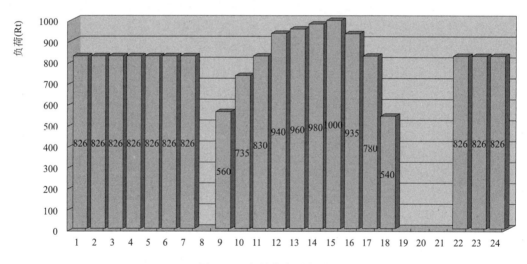

图 1-14　全量蓄冷示意图

全量蓄冷模式特点：最大限度地转移电力高峰期的用电量，白天系统的用电容量大大减小；全天由蓄冷装置供冷，运行成本低；控制简单，运行可靠；蓄冷设备、制冷主机及相应设备容量较大；设备占地面积较大；初期投资较高。

（2）分量蓄冷

分量蓄冷是蓄冷系统常用的一种运行策略，是一种经济有效的运行方式，应用较广泛。采用分量蓄冷模式，相当于一个工作日的负荷被制冷机组均摊在全天，其中蓄冷设备只承担空调负荷的部分冷量，制冷主机承担另一部分。分量蓄冷分制冷主机优先和蓄冷设备优先两种运行策略,如图 1-15。

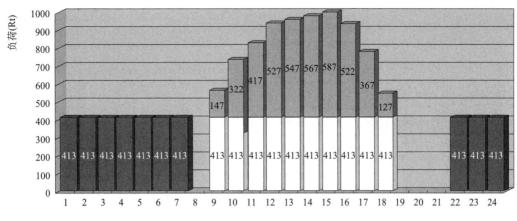

图 1-15 分量蓄冷示意图

① 分量蓄冷模式特点:转移部分电力高峰期的用电量;运行成本取决于蓄冷占比和运行控制;控制相对复杂;蓄冷设备、制冷主机及相应设备容量较小;设备占地面积较小;初期投资较低。

② 分量蓄冷容量确定:

消防水池兼做蓄冷水池,蓄冷量的大小由消防水池的容积决定;受消防水池容积所限,蓄冷量在系统中的占比往往不大,节能效果不显著。

设置单独的蓄冷设备,从制冷主机、蓄冷设备的初投资和运行节能综合考虑,蓄冷量为设计日峰电时段总负荷。此设计方案主机装机容量和电力增容减少约30%,蓄冷设备初投资增加费用通过节能运行一般在 3 年内可以回收,节能效果比较显著。

2) 系统运行与控制策略

(1) 无论蓄冷还是释冷,始终保持水的进出是在恒温条件下进行,即进入槽内的水温不应波动。特别在蓄冷时下部布水器的进水温度不应上升,放冷时上部布水器的进水温度不应降低。

(2) 制冷主机时序控制

因整个系统的使用寿命是组成系统的各设备寿命集合中的最小值,为延长水蓄冷中央空调系统的整体运行寿命,应尽量延长系统内各设备的使用寿命,并避免多台同类设备中的小部分长期处于超负荷状态而其余设备却处于待命或很少投入运行的状态。

自控系统通过时间继电器进行程序控制以记录主要设备的运行时间,并对各台同类设备的不同运行时间进行排序,在主要设备进行运行台数调整的时候,根据此顺序决定主要设备投入或切出。

(3) 冷却水温优化控制

要进行最优化的冷却水温的运行控制就必须平衡冷却塔风机的运行功耗以及制冷主机的运行功耗，需要判断某时某地的湿球温度、分析冷却塔散热并深入了解制冷主机的能效比特性，以确定最优化的冷却水供水温度设定参数。

自动控制系统内的"环境温湿度传感器"可以随时了解湿球温度的变化情况，自控系统数据库内也根据项目所在地植入了历年的湿球温度数据，再结合冷却塔以及制冷主机的性能对冷却水温做出最为科学合理的设定。

1.2.7　水蓄冷空调机房的设计要点

1）双工况制冷主机（制冷和空调两种运行工况）

（1）水蓄冷系统当制冷主机为 2 台以上（含 2 台）时，主机蒸发器出口需设电动开关阀。

（2）主机蒸发器承压一般 1.0MPa，冷凝器承压需根据冷却塔位置进行计算。一般承压值在 1.6MPa 附近时将水泵设为抽吸式，以避免主机承压跳档至 2.5MPa。

（3）主机蒸发器与蓄冷水泵可以一对一连接，也可总管连接。若总管连接，主机蒸发器出口需设电动开关阀。

（4）主机冷凝器一般与冷却水泵一对一连接，若采用总管连接，主机冷凝器出口需设电动开关阀。

（5）主机冷冻水侧和冷却水侧水平开关设置于出水口的水平管段上，水平管段要求大于 5 倍管径，水流开关安装于管段中央。

（6）主机蒸发器、冷凝器进口最低处需设 DN25 排污阀。

2）板式换热器

（1）板换的承压根据末端楼高及水泵扬程进行核算，当承压值接近 1.6MPa 时，水泵一般设置为抽吸式，以避免板换承压跳档至 2.5MPa。

（2）板换换热量按尖峰负荷减去基载主机制冷量选取，设备一般设置 2 台以上，具有一定的备用性。

（3）当系统比较大，蓄冷侧主管管径过大时，可将板换进口主管电动阀设置到每台板换蓄冷侧入口，降低单个电动阀口径，提高调节性能；当板换台数比较多时，板换冷冻水侧也应设电动阀，以避免小负荷小流量时层流影响换热。

（4）板换两侧进口最低点应设 DN25 排污阀。

3）蓄冷设备

（1）混凝土蓄冷设备一般设计成方形槽体，为保证自然分层效果，蓄冷槽深度不宜小于 4m，槽体做内保温和内防水，内设排污坑和排污泵。

（2）混凝土蓄冷设备内布水器一般按 H 型设计，上布水器采用吊装安装，保温前预留预埋件，下布水器采用混凝土支墩固定，施工中要考虑保温层和防水层的连续性，底板防水层要做混凝土防护垫层。

（3）钢制蓄冷设备在空间允许的情况下，一般做成圆柱形，具有结构稳定、容积利用率高的特性。钢制蓄冷设备需要设置通气口、溢流口、排污口、补水口、进出水口、自动呼吸阀。为防止空气进入装置、腐蚀铁板、降低设备使用寿命，需要设置一套制氮设备，蓄冷设备上部采取氮封防腐。

（4）为测定蓄冷设备的蓄冷、释冷效果，监测斜温层的厚度，蓄冰设备在竖向一般每 0.5m 设置一组温度测量装置。

（5）蓄冷设备设置一组液位变送器来控制有效液位高度。

（6）蓄冷设备为两个以上时，为保证水位平衡，建议中间设置联通管，联通管上设置手动阀门，此阀门平时常开，检修时关闭。

4）水泵

（1）蓄冷水泵流量通过制冷主机的换热量进行计算，换热温差 7℃，放冷水泵扬程按设计日主机和蓄冷槽联合供冷工况最不利环路进行计算，水泵工频控制。

（2）放冷水泵流量通过板式换热器的换热量来进行计算。主机空调工况制冷量按 5℃温差进行核算，如果不匹配，通过调整板式换热器的进出口温度进行匹配，蓄冷水泵扬程按设计日主机和蓄冷槽联合供冷工况最不利环路进行计算。单级蓄冷水泵应调变频控制。

（3）冷冻水泵流量按板式换热器的换热量及供回水温差进行计算。冷冻水泵扬程按设计日负荷最不利环路进行计算。

（4）冷却水泵流量计算，换热量需要考虑主机空调工况制冷量、输入功率及冷却水泵功率。冷却水泵扬程计算时需考虑冷却塔塔体扬程。

（5）大型系统需考虑部分负荷时水泵超流过载，一般设置流量平衡阀。

5）冷却塔

（1）冷却塔屋面进出水接管需要与地下室机房进出水管接口对应，不能接反。

（2）设备基础高度一般高出屋面建筑面层 800mm，若回水管至管井的水平管过长，需核算集水盘水位静压是否能够克服水平管阻力，保证管内静压。

（3）冷却塔集水盘之间宜设置平衡管来平衡液位，以避免一边溢流一边补水的状况。或可设置整体集水盘。

（4）冷却塔进水管上若设置电动开关阀，则出水管上也需要设置，一般通过冷却塔风机的启停来实现节能控制。

（5）当过渡季节或者冬季室外温度过低仍需供冷时，冷却塔需要设置旁通电动开关阀或热源加热，将冷却水温度加热至主机可开启的温度值。

6）定压装置

（1）冷冻水末端定压装置一般采用高位膨胀水箱定压，高位膨胀水箱设置于建筑最高层顶。当设置高位膨胀水箱有困难时，可采用落地式定压膨胀罐定压，设置于地下室机房。

（2）水蓄冷系统为开式系统，无需考虑定压。

7）管道及传感元器件

（1）管道系统的接管需与流程图保持一致。

（2）机房内管道层数最多不超过3层，最好布置为2层，管道布置应尽量减少交叉和上翻下翻。

（3）设备进出口应设置专门的支吊架，避免管道运行重量直接作用在设备上，造成设备损坏。

（4）蓄冷管道和冷冻水管道要进行防腐和绝热施工，冷却水管道要进行防腐施工。

（5）冷却水管道上要设置电子除垢仪或者旁通水处理设备。

（6）冷冻水系统需要设流量传感器进行负荷计算，蓄冷侧流量计量根据业主要求进行。

（7）有能源管理系统要求的项目必须设置电量计量。

（8）冷冻水供回水主管和蓄冷系统设置压力传感器。

（9）蓄冷设备进出口、板换进出口、冷却水回水主管上设置温度传感器。

（10）室外冷却塔附近设置温湿度传感器。

8）系统控制

电控系统由电气控制柜、受控设备和系统信息采集用检测仪表三部分组成。

（1）自动控制功能

控制系统按每天预先编排的时间顺序来控制制冷主机的启停及监视各设备工作状况，主要功能如下：控制制冷主机启停、故障报警；控制蓄冷水泵启停、故障报警；控制放冷水泵启停、故障报警；控制冷却水泵和冷冻水泵启停、故障报警；控制冷却塔风机启停、故障报警；冷却水和冷冻水供水温度监测；蓄冷系统供回水温度监测；蓄冷槽进出口温度监测；末端蓄冷系统流量监测；室外温湿度监测；空调冷负荷监测；各时段用电量及峰谷电量监测；各种数据统计表格、曲线监测；存冷量记录显示；无人值守运行。

（2）系统控制设计

① 自动控制功能：系统可在监控计算机上操作，系统状态由计算机显示，各统计数据可用打印机打印保存；监控计算机脱机状态下，系统可以由控制柜触摸屏手动控制。

② 优化控制：根据室外温度、天气走势、历史记录，自动选择主机优先或者释冷优先运行方式。自控系统能根据以往的空调负荷曲线和预报的环境温度，决定当天采用哪种运行模式。

③ 无人值守：系统可脱离上位机操作，根据时间表，自动进行制冷和控制系统运行、工况转换，对系统故障进行自动诊断，并向远方报警。

④ 节假日设定：空调系统根据时间表自动运行，节假日和工作时间表容易设置，对重要场所进行恒温控制和远方设定，特殊日期设定工作或停止。

1.3　水蓄热空调技术

1.3.1　水蓄热空调技术的发展历史

20世纪90年代初期，以电锅炉为核心设备的蓄热空调系统正式发展起来，特别是近几年，国家相继出台了《2017年能源工作指导意见》《关于促进储能技术与产业发展的指导意见（征求意见稿）》《关于促进我国储能技术与产业发展的指导意见》等指导意见后，水蓄热技术飞速发展，目前在国内已经出现了一些大型的采用水蓄热热源技术的中央空调系统工程。

1.3.2　水蓄热空调技术的原理及意义

1）水蓄热空调原理

以电锅炉为热源，水为热媒，利用峰谷电价差，在供电低谷时，开启电锅炉将水箱的水加热、保温、储存。供电高峰及平电时关闭电锅炉，用蓄热水箱的热水供热。

2）水蓄热空调的意义

水蓄热空调系统可以平衡电网峰谷负荷差，减轻电厂建设压力；充分利用廉价的低谷电，降低运行费用；运行中"零污染、零排放"，与国家环保战略契合。

1.3.3　水蓄热空调技术的特点

（1）可凭借当地峰谷电优惠电价政策，充分利用夜间低谷电，大量节省运行电费。

（2）自动化程度高，可根据室外温度变化调节热水供水温度，运行合理，节约能源消耗。

（3）运行安全可靠，具有过温、过压、过流、短路、断水、缺相等六重自动保护功能，机电一体化。

（4）无噪声、无污染、占地少（锅炉本体体积小，设备布置紧凑，不需要烟囱和燃料堆放地，锅炉房可建在地下）。

（5）热效率高，运行费用低，可充分利用低谷电。

（6）操作方便，可实现无人值守，节约人工费用。

（7）适用范围广，可满足商场、办公、宾馆、机关、学校、厂房等多种取暖方式的需要。

（8）可以平衡电网峰谷负荷差，减轻电厂建设压力。

（9）在未来电价下降的情况下，运行成本会进一步降低，经济效益会更加可观。

（10）由于利用低谷电采暖，所以电负荷相对于其他供暖方式都要增加。

（11）蓄热装置占用一定的空间。

1.3.4　水蓄热空调技术的适用条件

宾馆、办公楼、住宅楼生活用水及供暖；餐馆、理发店、洗衣店洗涤用热水；浴室、体育场馆用热水；医院、疗养院等用于蒸饭、蒸馏、消毒、熨烫、供暖所需的蒸汽；工矿企业工艺用热水。

1.3.5　水蓄热空调设备的分类

水蓄热空调设备的主要形式有迷宫式、隔膜式、多槽式、温度分层式，其中温度分层式是最常规的设计方法。

1）迷宫式水蓄热设备

采用隔板把水蓄热设备分成很多个单元格，水流按照设计的路线依次流过每个单元格。迷宫式水蓄热设备如图 1-16。

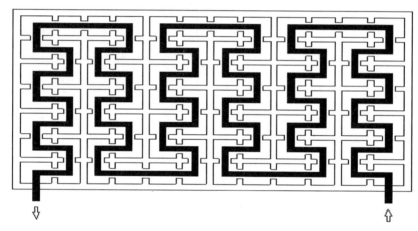

图 1-16　迷宫式水蓄热设备

2）隔膜式水蓄热设备

隔膜式水蓄热设备是在蓄水槽内设置一个囊，有效地把冷热水隔离开，保证蓄热和放热效果，但因温度变化，囊热胀冷缩频繁，容易破损，使用寿命短。隔膜式水蓄热设备如图 1-17。

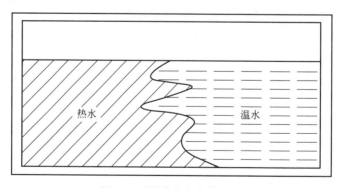

图 1-17　隔膜式水蓄热设备

3）多槽式水蓄热设备

多槽式水蓄热设备与水蓄冷设备类似，也是将冷水和热水分别储存在不同的槽中，只是送至负荷侧的是热水温度。多个蓄水槽有不同的连接方式。多槽式水蓄热设备如图 1-18。

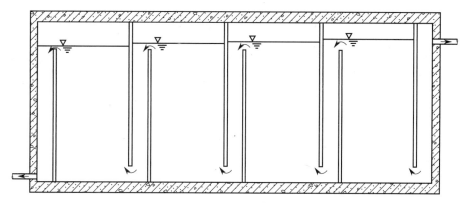

图 1-18　多槽式水蓄热设备

4）温度分层式水蓄热设备

温度分层式水蓄热设备原理、形状设计、布水器设计等均与温度分层式水蓄冷设备相同，只是不是蓄冰而是蓄热而已。温度分层式水蓄热设备如图 1-19。

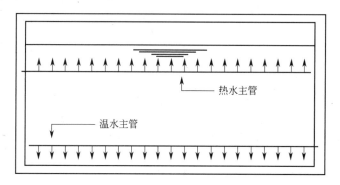

热水主管

温水主管

图 1-19　温度分层式水蓄热设备

1.3.6　水蓄热空调系统的配置模式

1）水蓄热配置模式介绍

水蓄热空调系统有全量蓄热系统和分量蓄热系统两种形式。

（1）全量蓄热

全量蓄热是将电网非低谷时段的空调所需要的负荷全部转移到电网低谷时段，在电网非低谷时段电锅炉停止运行，由蓄热装置提供全部热量。

全量蓄热模式特点：最大限度地转移非低谷时段的用电量，白天系统的用电容量大大减小；全天由蓄热装置供热，运行成本低；控制简单，运行可靠；蓄热装置、电锅炉及相应设备容量较大；设备占地面积较大；初期投资较高。

（2）分量蓄热

分量蓄热是在使用低谷电的同时使用一部分平电，即低谷时段电锅炉开启运行并蓄热；白天关闭电锅炉，由蓄热水箱中的热水向系统供热，同时使用一部分平电蓄热或供热。

分量蓄热模式特点：转移部分电力高峰期的用电量；运行成本取决于蓄热占比和运行控制；控制相对复杂；蓄热装置、电锅炉及相应设备容量较小；设备占地面积较小；初期投资较低。

对于以电能作为空调供暖热源的系统，在《公共建筑节能设计标准》GB 50189—2005 中明确规定："除非夜间可利用低谷电进行蓄热，且蓄热式电锅炉不在日间用电高峰和平时段时间启用的建筑，不得采用电热锅炉、电热水器作为直接采暖和空气调节系统的热源。"故在实际应用时，不得采用电锅炉直供的形式，一般采用电锅炉水蓄热系统，且以全量蓄热为好。

2）系统运行与控制策略

自动控制系统通过对电锅炉、水泵、系统管路电动阀进行控制，优化负荷分配，对水泵变频进行控制和电锅炉台数进行控制，使系统在任何负荷情况下均能满足设计参数要求并以最可靠的工况运行，保证空调的使用效果。同时在满足末端空调系统要求的前提下，整个系统达到最经济的运行状态，即系统的运行费用最低。同时降低运行噪声，提高系统的管理效率和降低管理劳动强度。

（1）实现锅炉单蓄热工况、锅炉单独供热工况、热槽单独供热工况、联合供热工况、蓄热兼供热工况五种工况运行模式的自动转换。

（2）实现各工况温度、流量、热量的自动检测、调节和控制。

（3）实现优化控制。根据电价结构，在满足用户使用要求的前提下，最大限度地发挥蓄热装置作用，使用户支付的电费最少。

1.3.7 水蓄热机房设计要点

1）蓄热式电锅炉

蓄热式电锅炉主要有电极式和电阻式两类：

（1）电极式蓄热锅炉

电极式蓄热锅炉加热原理是三相中压电流通过设定电导率的炉水会释放大量热能从而产生可加以控制和利用的热水和蒸汽。由于是利用水的电阻性直接进行加热，电能 100% 转化成热能。

基于电极锅炉加热方式的特殊性，其加热功率的调节主要是通过调节与电极接触水量的大小来实现，即通过改变电极间的电阻来实现。由于水量的调节范围是 0～100%，因此电极锅炉的调节范围也是 0～100%，调节范围非常宽，可根据用户的实际需要实现无级调节。

（2）电阻式蓄热锅炉

电阻式锅炉是采用高阻抗管形电热元件，接通电源后，管形电热元器件产生高热使水成为热水或蒸汽。管形元器件由金属外壳、电热丝和氧化镁组成。锅炉运行中依靠管形元器件的数量实现负荷调节，调节范围一般为 20%～100%。电阻式锅炉受电热元器件结构布置的限制，单体容量较小。

（3）电极式锅炉与电阻式锅炉比较

① 单体热功率

电极式锅炉单体热功率一般在 4～50MW，电阻式锅炉受电热元器件结构布置限制，单体热功率一般小于 3MW。

② 安装空间

电极锅炉一般为立式，16MW 以下的本体高度一般超过 6.5m，16MW 以上的本体高度一般超过 8.5m，安装空间需要充分考虑锅炉的本体高度和维修检查空间；电阻式锅炉一般为卧式，高度不会超过 3m，正常机房高度就能满足锅炉的安装空间要求。

③ 水质要求

电极式锅炉一般要求使用除盐水，除盐水的导电率（25℃）一般要求小于 0.5μs/cm，需要配套纯水设备和加药设备。电阻式锅炉使用软化水，pH 值控制在 8.5～9.2 范围内，硬度≤0.03mmol/L，需要配置软化水设备。

④ 配电要求

电极式锅炉直接将 6～35kA 的中等电压进线接入电极锅炉的电极上端，配电室占地面积较小；电阻式锅炉使用的电压等级为 380V，业主需要设置变压器等设备，配电室占地面积较大，配电设备投资较高。

⑤ 启动速度

电极锅炉体积小巧，启动迅速。从冷态启动到满负荷只需要几十分钟，从热态到满负荷只需 1min。而常规锅炉的启动时间非常长，冷态启动时，一般需要 2h 左右，热态一般为 15～20min。

⑥ 系统控制

电极式锅炉需要控制 10kV 强电系统、锅炉配套设备、切换阀门、检测仪表等，系统比较简单；电阻式锅炉需要控制强电系统、变压器系统设备、锅炉配套设备、切换阀门、检测仪表等，系统比较复杂（增加了变压器系统设备的控制）。

⑦ 锅炉效率

电极式锅炉是利用水的电阻性直接进行加热，电能 100% 转化成热能；电阻式锅炉是通过管形电热元器件将电能转换成热能，热效率一般不大于 95%。

（4）电蓄热锅炉选择原则

① 电锅炉热功率总需求量＜4MW，宜选用电阻式蓄热锅炉。

② 电锅炉热功率总需求量≥4MW，宜选用电极式蓄热锅炉。

③ 锅炉房高度不能满足电极式蓄热锅炉安装空间要求的选用电阻式蓄热锅炉。

④ 不具备引入中等电压专线条件的项目，选用电阻式蓄热锅炉。

（5）电蓄热锅炉设计要点

① 当电锅炉为 2 台以上（含 2 台）时，出口需设电动开关阀。

② 电锅炉配套的蓄热水泵设为抽吸式，以避免电锅炉承压跳档。

③ 蓄热水泵与电锅炉可以一对一连接，也可总管连接。若总管连接，电锅炉出口需设电动开关阀。

④ 电锅炉排污阀宜设置双阀，靠近炉体的阀门常开。

⑤ 电锅炉进口最低处需设 DN25 排污阀。

2）板式换热器

（1）板换的承压根据末端楼高及水泵扬程进行核算，当承压值接近 1.6MPa 时，水泵一般设置为抽吸式，以避免板换承压跳档至 2.5MPa。

（2）板换换热量按尖峰负荷供热量选取，设备数量一般为 2 台以上，具有一定的备用性。

（3）当系统比较大，蓄热侧主管管径过大时，可将板换进口主管电动阀设置到每台板换蓄热侧入口，降低单个电动阀口径，提高调节性能；当板换台数比较多时，板换供暖侧也应设电动阀，以避免小负荷小流量时层流影响换热。

（4）板换两侧进口最低点应设 DN25 排污阀。

3）蓄热装置

（1）混凝土蓄热装置一般设计成方形槽体，为保证自然分层效果，蓄热槽深度不宜小于 4m，槽体做内保温和内防水，内设排污坑和排污泵。

（2）混凝土蓄热装置内布水器一般按 H 形设计，上布水器采用吊装安装，保温前预留预埋件，下布水器采用混凝土支墩固定，施工中要考虑保温层和防水层的连续性，底板防水层要做混凝土防护垫层。

（3）钢制蓄热装置在空间允许的情况下，一般做成圆柱形，具有结构稳定、容积利用率高的特性。钢制蓄热装置需要设置通气口、溢流口、排污口、补水口、进出水口、自动呼吸阀。为防止空气进入装置、腐蚀铁板、降低设备使用寿命，需要设置一套制氮装置。蓄冷装置上部采取氮封防腐。

（4）为测定蓄热装置的蓄热、释热效果，监测斜温层的厚度，蓄热装置在竖向一般每 1m 设置一组温度测量装置。

（5）蓄热装置设置一组液位变送器来控制有效液位高度。

（6）蓄热装置为两个以上时，为保证水位平衡，建议中间设置联通管，联通管上设置手动阀门，此阀门平时常开，检修时关闭。

（7）蓄热装置在最低点应设置 DN40 的排污阀。

4）水泵

（1）蓄热水泵流量通过电锅炉的换热量进行计算，蓄热水泵扬程按设计日电锅炉蓄热工况最不利环路进行计算，水泵工频控制。

（2）放热水泵流量通过板式换热器的换热量来进行计算，蓄热水泵扬程按供热工况最不利环路进行计算。单级蓄热水泵应调变频控制。

（3）供暖水泵流量按板式换热器的换热量及供回水温差进行计算。供暖水泵扬程按设计日负荷最不利环路进行计算。

（4）大型系统需考虑部分负荷时水泵超流过载，一般设置流量平衡阀。

（5）水泵的进口最低点应设 DN25 排污阀。

5）管道及传感元器件

（1）管道系统的接管需与流程图保持一致。

（2）机房内管道层数最多不超过 3 层，最好布置为 2 层，管道布置应尽量减少交叉和上翻下翻。

（3）设备进出口应设置专门的支吊架，避免管道运行重量直接作用在设备上，造成设备损坏。

（4）机房内管道要进行防腐和绝热施工。

（5）供暖水系统需要设热量计量表进行负荷计算。

（6）有能源管理系统要求的项目必须设置电量计量。

（7）供暖水供回水主管和蓄热系统设置压力传感器。

（8）蓄热设备进出口、板换进出口，设置温度传感器。

6）系统控制

电控系统由电气控制柜、受控设备和系统信息采集用检测仪表三部分组成。

（1）自动控制功能

主要功能如下：控制电锅炉启停、故障报警；控制蓄热水泵启停、故障报警；控制放热水泵启停、故障报警；控制供暖水泵启停、故障报警；蓄热系统供回水温度监测、压力测定；供暖系统供回水温度检测、压力测定；蓄热槽进出口温度监测；末端蓄热系统流量；空调热负荷；各时段用电量及峰谷电量；各种数据统计表格、曲线；蓄热量记录显示；可实现无人值守运行。

（2）系统控制设计

① 自动控制功能

系统可在监控计算机上操作，系统状态由计算机显示，各统计数据可用打印机打印保存；监控计算机脱机状态下，系统可以由控制柜触摸屏手动控制。

② 无人值守

系统可脱离上位机操作，根据时间表自动进行制热和控制系统运行、工况转换，对系统故障进行自动诊断，并向远方报警。

③ 节假日设定

空调系统根据时间表自动运行，节假日和工作时间表容易设置，对重要场所进行恒温控制和远方设定，特殊日期设定工作或停止。

2 低谷电蓄能装置

低谷电蓄能设备最早出现在 20 世纪 30 年代，兴起于 20 世纪 70 年代，经过近百年的发展，技术已趋于完善和成熟，蓄能设备多种多样。下面重点介绍蓄冰空调设备和蓄热空调设备。

2.1 蓄冰空调设备

蓄冰空调设备是冰蓄冷系统中的能量存储设备，它在夜间低谷电时段利用双工况主机将电能转化成热能储存在蓄冰设备内，在系统需要时，通过水泵和板换将蓄冰设备内的热能释放出来供给系统。

2.1.1 蓄冰空调设备的分类

蓄冰空调设备在世界范围内已经应用了几十年，在中国也逐渐普及，目前蓄冰空调设备种类较多，根据其封装形式、融冰形式、使用材料分类，如图 2-1。

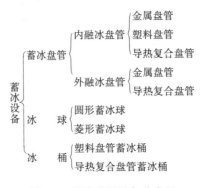

图 2-1 蓄冰空调设备分类图

2.1.2 蓄冰盘管

2.1.2.1 蓄冰盘管分类

1）根据融冰形式分类

蓄冰盘管根据融冰形式分为内融冰盘管和外融冰盘管两类，其中内融冰盘管又分为完全冻结式和非完全冻结式。

（1）内融冰盘管

内融冰就是指盘管上的冰由内向外融化。内融冰系统在融冰阶段，由温度较高的乙二醇在盘管里循环并带走冷量供到末端，热的乙二醇封闭在盘管中循环。整个过程不接触到冰，只从盘管带走融冰潜热，乙二醇与冰为间接接触，内融冰系统中的蓄冰设备里的水为静态。

内融冰盘管根据融冰形式分为完全冻结式和完全冻结式两类。

完全冻结式在融冰过程中，冰与盘管之间形成一个水环，随着水环直径的增大，融冰速率下降较快，整个融冰过程如图 2-2。

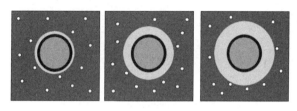

图 2-2 完全冻结式融冰示意图

非完全冻结式在融冰过程中，始终保持冰与盘管的接触，保证了稳定的融冰速率及稳定的出口温度，整个融冰过程如图 2-3。

图 2-3 非完全冻结式融冰示意图

（2）外融冰盘管

外融冰就是指盘管上的冰由外向内融化。外融冰系统在融冰阶段，由温度较高的水从一端进入蓄冰槽内，融化管外的冰来降低水温，并从蓄冰槽的另一端流出。

外融冰系统融冰过程中水与冰为直接接触，在空气泵的辅助下，融冰速度极快，换热效果极佳。对于常规的外融冰系统，可长时间提供稳定的 0~1℃ 的冰水；对于有特殊要求的项目，外融冰系统还可以满足短时间内大负荷的供冷需要。外融冰系统中蓄冰设备里的水为动态。

外融冰系统整个融冰过程如图 2-4。

图 2-4 外融冰示意图

2）根据材质分类

蓄冰盘管根据材质分为金属盘管、塑料盘管、导热复合盘管三类。

（1）金属盘管

金属盘管材质为碳钢，用于非完全冻结式内融冰系统和外融冰系统。

优点：焊接完成后整体热镀锌，具有足够的结构强度，可实现多层排布，将有限的空间高效利用；在同样换热面积条件下，结冰速度和融冰速度优于其他材质的蓄冰盘管，在相同蓄冰量时，所占体积最小；管径较大，乙二醇溶液使用量小，融冰速率均匀。

缺点：结冰冰层较厚，管道会受乙二醇溶液腐蚀，对乙二醇品质要求较高，且设备较重，安装需要吊装设备。

（2）塑料盘管

塑料盘管材质为聚乙烯或聚烯烃，多用于非完全冻结式内融冰系统，也可以用于完全冻结式内融冰系统。

优点：防腐性能好，乙二醇品质要求低；盘管可分散组装，安装轻便灵活。

缺点：管径小，容易阻塞；融冰效率较低；金属接头与塑料的膨胀系数不一样，接头容易胀裂；塑料盘管结冰后会变形，容易形成千年冰；塑料盘管容易疲劳破裂，传热系数较小，需要换热面积大，冰槽占地面积要求较大。

（3）导热复合盘管

导热复合盘管材质为聚合物基纳米导热复合材料，多用于内融冰系统，也可以用于外融冰系统。

优点：防腐性能好，乙二醇品质要求低；盘管可分散组装，安装轻便灵活；接头与管材材质相同，接头一次性成型，安全性能高；传热系数接近冰，需要的换热面积大于金属盘管而小于塑料盘管，冰槽占地面积较小。

缺点：盘管支管与主集管热熔焊接，焊接水平要求高，焊口易渗漏。

2.1.2.2 蓄冰盘管介绍

1）镀锌钢制蓄冰盘管

镀锌钢制蓄冰盘管出现于 20 世纪 30 年代，广泛应用于商场、办公、医院、工厂、银行、综合体等各型建筑物内，至今全球有 10000 多个成功运行的蓄冰系统，蓄冰装置市场占有率第一。其结构形式如图 2-5。

图 2-5　镀锌钢制蓄冰盘管结构图

镀锌钢制蓄冰盘管为管间距不相等的蛇形圆截面钢盘管结构，蓄冰盘管单管长度可达133m；蓄冰盘管焊接完成后整体作热浸锌处理，具有良好的防腐性、耐弱酸性；流体在盘管内呈紊流状态，所以换热效率极高；流体流向为交叉逆流循环，各管排间结冰均匀，盘管和盘管间隙更大，有效保证水平方向不会产生冰桥及出现过度结冰现象。

（1）镀锌钢制蓄冰盘管优势

① 内外融冰均用的变间距蓄冰盘管

变间距盘管是蓄冰的最新技术，用于应对过度制冰，减少冰桥和过度结冰的危险；更好地保证水路通畅，保证融冰过程温度均衡；在保证出水温度前提下，可减小设备体积。

② 位移冰量传感器

位移冰量传感器，根据结冰前后盘管所受浮力不同测量储冰量，是镀锌钢制蓄冰盘管独有专利。该专利可在液面测量冰量失效的情况下，准确测量单个盘管的储冰量，也可在融冰不均匀的情况下，准确测量部分盘管的储冰量。

③ 结构性能优势

圆形钢盘管能耗最小。同等条件下，圆形盘管的压力降最小，可减少乙二醇的扬程需求；长期使用过程中，系统节电性能卓越；非完全冻结式，如图2-6，取冰率最高，融冰出口温度低且稳定；融冰速率均衡，在保证融冰出口温度低且稳定的情况下，取冰率可达100%；蛇形钢盘管换热最充分有效；1.06″口径，单根长达100～120m，此换热流程可充分保证管内紊流传热；逆向换热，品字排布，有效单位体积蓄冰量最大。

图2-6　非完全冻结式

④ 运行数据优势

优异的融冰和制冰性能可以确保出水温度恒定。

⑤ 系统应用优势

可完美实现各种蓄冰系统应用。

镀锌钢制内融冰盘管可提供稳定的2.2～3.3℃融冰出口温度，外融冰盘管可提供恒定的 0~1.1℃低温冷冻水。其中包括但不限于：

内、外融冰盘管均可应用于大温差系统，进一步降低系统其他设备容量，继而降低设备初投资。

外融冰盘管还被广泛应用于大型区域供冷站和低温送风系统。

可实现制冷主机上游的串联系统。可提高系统运行效率，节省能源。

易于实现自动化控制。融冰出口温度低且稳定，选型报告数据准确，可完美匹配自动化控制，保证系统运行可靠。

乙二醇用量少。

⑥ 使用寿命优势

众多结构优势可杜绝过度制冰对盘管造成的伤害，不会发生材质变形破损。

严格控制的高标准制造工艺流程。盘管采用钢带连续卷焊，无对接焊缝，抗静压能力强，并经过多次打压试验，减少盘管实际使用过程中的泄漏隐患。

盘管采用整体热浸锌技术，抗腐蚀能力强，镀锌厚度远高于国际和国内的最高标准。使用寿命20年以上，现已拥有众多运行30年以上的成功案例。

（2）镀锌钢制蓄冰盘管融冰形式

① 内融冰盘管

镀锌钢制内融冰盘管因其独特的蛇型钢盘管构造和优异的传热性能，可以有效保证制冰末期形成非完全冻结式。内融冰过程如图 2-7。

图 2-7 内融冰过程示意图

过程一：在制冰末期，水被冻结成冰层包裹在盘管外壁上，冰层之间留有空隙，仍为 0℃的水，没有冰桥。

过程二：在融冰过程中，随着融冰比例的增加，冰层与盘管之间渐渐形成水环。

过程三：由于是非完全冻结式结构，冰层受到外界水的浮力作用，始终与盘管保持良好的接触。

过程四：当冰融化到 20%~30%时，冰层破裂，均匀散落在水中，形成温度均衡的 0℃冰水混合物。

镀锌钢内融冰设备可提供稳定的 3.3℃低温乙二醇，若增加鼓气装置，可提供最低达 2.2℃的乙二醇。

② 外融冰盘管

镀锌钢制外融冰盘管，在空气泵的辅助下，其融冰速度极快，换热效果极佳，可长时间提供稳定的0～1℃的冰水，对于有特殊要求的项目，外融冰盘管还可以满足短时间内大负荷的供冷需求。外融冰过程如图2-8。

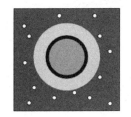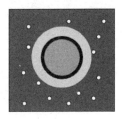

图2-8 外融冰过程示意图

2）聚烯烃树脂塑料蓄冰盘管

聚烯烃树脂塑料蓄冰盘管出现于20世纪60年代，广泛应用于商场、办公、医院、工厂、银行、教堂、生态园、高校、综合体等各类型建筑物内，至今全球有上千个成功运行的蓄冰系统，是塑料蓄冰盘管的先导者和领跑者。结构形式如图2-9。

图2-9 聚烯烃树脂塑料蓄冰盘管结构图

（1）聚烯烃树脂塑料蓄冰盘管优势

① 采用耐高低温的聚烯烃树脂材料，添加具有专利技术的添加剂，延缓材料老化，提高材料的韧性，增加材料的传热系数，保障盘管的使用寿命长达40年。

② 科学严谨的盘管分流专利技术使得乙二醇溶液在盘管内的流动组织有序，蓄冰与融冰过程可靠且均匀。

③ 盘管采用U型排布，最大限度节省蓄冰设备的占地空间，保证蓄冰盘管的良好换热性能，如图2-10。

④ 更可靠、寿命更长。蓄冰盘管采用静态内融冰方式，无运动部件，无内应力，故障率低。由于蓄冰盘管采用聚烯烃材料制成，无因腐蚀性产生泄漏的隐患，使用寿命达到40年。

⑤ 科学地描述蓄冰设备的性能。拥有完整的融冰曲线及蓄冰盘管选型计算软件，便于对盘管的蓄冰、融冰性能及过程进行自动控制。

⑥ 有效解决蓄冰盘管的占地问题。蓄冰系统在推广过程中，往往由于蓄冰盘管要

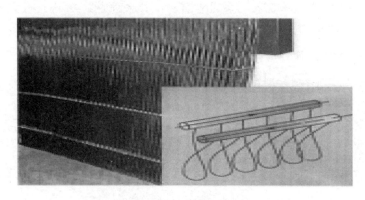

图 2-10　U 型盘管设计图

求占用大量机房面积或者停车位而饱受困扰，尤其是在一些经济较为发达的地区。而聚烯烃树脂塑料蓄冰盘管以其特殊的盘管形式，合理有效地解决了这个问题。可以放置于建筑物内的基础（垡基或箱基），并根据具体情况选用相应高度的盘管（1.2～3.6m，9 种型号），完全不占用建筑物内的机房面积或者宝贵的停车位，从而解决了蓄冰系统推广过程中占地面积大这一瓶颈问题。

⑦ 蓄冰效率高。结冰厚度仅为 10mm，在所有蓄冰盘管中冰层最薄，蓄冰时制冰效率最高。蓄冰效果如图 2-11。

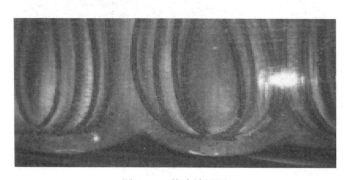

图 2-11　蓄冰效果图

⑧ 蓄冰盘管压降小。蓄冰盘管高度一般为 1.2～3.6m，盘管压降大大小于同类型的其他蓄冰盘管，乙二醇泵的扬程可大幅度降低，约为其他蓄冰盘管的 30%，整个系统的运行更为节能，大大降低水泵的耗电量。

⑨ 为优化控制提供保障。采用冰量传感器输出 4～20mA 电信号，传送到自控系统，为实现蓄冰系统优化运行、最大限度节省运行费用，提高可靠的保障。

⑩ 更低的运行费用。蓄冰系统中，制冷主机耗电量占全部系统耗电量的 80% 左右，而夜间用于制冰的耗电量为制冷主机耗电量的 65% 左右，因此提高制冷主机在夜间的制冰效率成为蓄冰系统降低能耗、进一步节省运行费用的主要手段。聚烯烃树脂塑料蓄冰盘管在夜间蓄冰过程中，蓄冰温度基本维持在 -4℃，制冷主机制冰蒸发温度较高，制冷主机的效率得到提高（蒸发温度每提高 1℃，制冷主

机的效率可以提高 3%）。

⑪ 易于安装。标准蓄冰槽由模块化蓄冰盘管组合而成，在工厂编织组装后置入槽体，运至现场后直接连接管线即可使用，减少现场施工时间和费用，也可解体后现场组装。

⑫ 乙二醇占量小。蓄冰盘管 100% 乙二醇溶液用量为 0.165kg/kWh，是所有蓄冰盘管中使用量最少的设备。

⑬ 蓄冰盘管有效换热面积最大。蓄冰盘管由于管径小，排布相对很密，因此单位体积内的换热面积很高，有利于融冰温度的稳定。

⑭ 占地面积最小。蓄冰槽体的容积率最高，达 0.018m³/kWh，是同类型蓄冰盘管中使用空间最小的设备。

⑮ 更低的操作和维护费用。无任何运动部件和易腐蚀材料，无因焊接易产生泄漏的隐患，运行安全可靠。操作、维护简单，与各类主机维护所需的备件费用相比，维护费用低。

3）导热复合蓄冰盘管

导热复合蓄冰盘管出现于 20 世纪 90 年代，采用先进的纳米技术，克服了普通塑料蓄冰盘管导热系数低等缺陷，广泛应用于商场、办公、医院、工厂、银行、教堂、生态园、高校、综合体等各类型建筑物内，在国内有几百个成功运行的蓄冰系统案例。结构形式如图 2-12。

图 2-12 导热复合蓄冰盘管结构图

导热复合蓄冰盘管优点

① 材料创新

聚合物基纳米导热复合材料（国家发明专利 ZL02 1 12481.7）如图 2-13，为自行研发材料，比普通塑料导热系数高 8～10 倍，具有良好的耐腐蚀、耐老化和力学性能；集换热与蓄能于一身，采用纳米导热复合材料作为换热器主体，既克服了金属换热器易腐蚀的缺点，又克服了普通塑料管导热性能差的缺点；通过优化设计，在结冰和融冰过程中，接近金属盘管的换热性能，结冰速度和融冰速度均达到了理想状态。

图 2-13　聚合物基纳米导热复合管材

② 结构创新

实用新型专利（ZL02 2 65320.1）蓄冰盘管优化组合，采用同程连接，流量分配均匀；主集管位于蓄冰盘管的顶部，支管与集管热熔焊接，所有焊口都位于盘管上部，便于检查和维护，如图 2-14。

图 2-14　导热复合蓄冰盘管同程连接示意图

③ 系统应用优势

可完美实现各种蓄冰系统应用，内融冰盘管采用不完全冻结方式，可提供始终稳定的 3～4℃ 的低温载冷剂或冷冻水，外融冰盘管能提供稳定的低于 1℃ 的冷冻水，适用于大温差低温送风空调系统和大型区域供冷工程。

④ 蓄冰效率高

冷量换热公式：$q = K \times F \times \Delta t$（式中：$K$——导热系数，W/(m·k)；$F$——换热面积，m²；$\Delta t$——温度差，K）

主要影响因素：材料的导热系数、流体特性、流速、换热面积和温度差。

导热复合蓄冰盘管材料的导热系数是塑料盘管的 2～3 倍，接近冰的导热系数，换热面积是金属盘管的 1.5 倍，蓄冰时制冰效率高。

⑤ 更可靠、寿命更长

聚合物基纳米高分子复合材料强度高、韧性好，无须担心结冰过量，换热管内外表面不结垢，阻力、热传导性能始终如初，无腐蚀问题，设备使用更可靠、寿命更长。

⑥ 形式多样、安装空间要求低

产品形式丰富多样，有方形、螺旋形等形式，可以根据安装空间的尺寸和形状来设计合理的产品样式，无特殊安装空间要求。

⑦ 易于安装

标准蓄冰槽由模块化蓄冰盘管组合而成，在工厂编织组装后置入槽体，运至现场后直接连接上管线即可使用，减少现场施工时间和费用，也可解体后现场组装。

2.1.3 冰球

2.1.3.1 综述

冰球为封装式蓄冰设备。冰球球壳由高密度 HDPE 材料制成，内部主要为水，含有少量的空气。与其他蓄冰设备相比，冰球具有材料为单一材料（即便单个冰球破损，也不影响整个系统的使用效果），承压较小，流通阻力小，蓄冰系统维护简单的优点；但其缺点也很明显：冰球系统融冰残冰高，尤其在融冰后期，乙二醇用量较大，通常是盘管系统的 6～8 倍，投资较高，需要更低的出水温度（一般为－7℃）才能使其冻结，导致冷水机组的效率较低，需要更高的运行费用。

2.1.3.2 冰球介绍

1）圆形冰球

圆形冰球出现于 20 世纪 30 年代，广泛应用于欧洲，目前在全球有近 5000 个工程实例。结构形式如图 2-15。

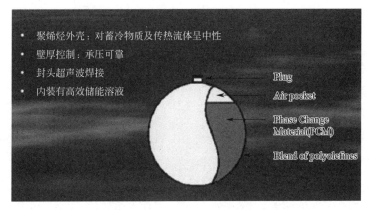

图 2-15 圆形冰球结构图

（1）技术参数

圆形冰球的材质为 HDPE。冰球的外径为 98mm，每立方米内冰球的填充数量为 1225 个，换热面积达到 36.85m²，蓄冰量达到 16RTH。

（2）产品特点

① 性能可靠：冰球球壳由同一材料（高密度聚烯烃）制成，超声波熔焊密封，无腐蚀、不老化，使用寿命长。

② 占地空间小：与其他形式的蓄冰设备比较，冰球占地面积最小。并且可充分利用建筑物边角等废弃空间，例如环形坡道及不规则的蓄冰槽等。特别适合既有建筑物的节能改造工程。

③ 技术成熟：有 90 多年的应用实践，工程遍布世界各地。

④ 维护简单：冰球具有高度可靠性，系统正常运行时无需用户日常维护。

⑤ 融冰速率最快：最快放冷速率可达 40%，在实行三段电价（峰、谷、平）地区可实现避峰运行，运行费最省；由于冰球换热面积最大、水阻力最小，因此结冰最快、蓄冰耗电量最省。

2）菱形冰球

菱形冰球出现于 20 世纪 80 年代，在圆形蓄冰球的基础上做了改进，结冰和融冰效率更高，目前在全球有上千个成功运行的工程案例。结构形式如图 2-16。

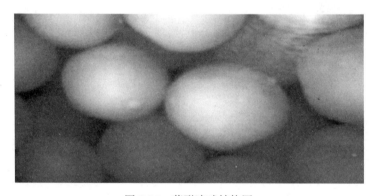

图 2-16　菱形冰球结构图

（1）技术参数

菱形冰球的材质为 HDPE。冰球的外径为 103mm，每立方米内冰球的填充数量为 980 个，换热面积达到 28.6m²，蓄冰量达到 14RTH。

（2）产品特点

① 采用专利设计的菱形冰球，独有的 16 凹面蓄冰球，冰球结冰及融冰均为动态过程，换热效率高。

② 菱形冰球由高密度 HDPE 材料制成，表面设计有 16 个凹坑，直径为 103mm。在结冰过程中，冰球体积膨胀，凹处外凸成平滑圆形球；在融冰过程中，冰球又恢复到原来的形状。

③ 由于冰球内部几乎不含空气，单位堆放蓄冰量最大，占用空间较小。

④ 独有专利设计，采用特殊高密度聚乙烯材料制成，破损率极小。

⑤ 菱形冰球独有凹坑设计，在融冰和制冰过程中有更大的换热表面积，经过多年不断改进，菱形冰球具有极高传热速率，结冰融冰速度快，从而可以使用较少的名义蓄冰量达到需要的额定蓄冰量要求。

⑥ 乙二醇水溶液在球外，单个球破损不影响整个系统运转，循环系统设计简单，系统扩建容易，蓄冰容量增加方便。

⑦ 菱形冰球通过在冰球内的水中加入成核剂，可使冰球降低至 $-1.1℃$，即当乙二醇溶液入口温度低至 $-1.1℃$ 时，蓄冰球即可开始结冰。整个蓄冰周期乙二醇溶液进入蓄冰槽平均温度约为 $-5.56℃$。

⑧ 将成核添加剂加入到去活性极佳的去离子水中，混合成储冷液，成核添加剂在储冷液中形成胶体悬浮在液体中。由于菱形冰球只含有极少量的空气（2％～3％体积比），因此冰球结冰开始很长一段时间内是近似悬浮在乙二醇溶液中，乙二醇溶液的流动使得冰球自由运动，从而扰动冰球内部的成核剂不断与蓄冰球内壁接触，形成微小冰晶后脱离内壁，其余的成核剂可以继续与冰球内壁不断接触，从而在刚结冰的初始阶段结冰速率比静止在蓄冰槽内冰球效率要高出 20％ 以上。

2.1.4 蓄冰桶

2.1.4.1 综述

蓄冰桶为圆桶形蓄冰设备，筒体材质为 Q235B，内部换热器材质为聚乙烯或导热复合管，外部整体发泡保温。优点是整装出厂、便于安装，整体发泡，保温性能好、无冷桥、不结露，无运动部件、无内应力、故障率低；缺点是单路长度很大、流通阻力很大，一旦泄漏便无法修复，整个蓄冰桶只能报废，放冷速度慢，设计寿命一般低于 20 年。

2.1.4.2 冰桶介绍

1）塑料盘管蓄冰桶，结构形式如图 2-17。

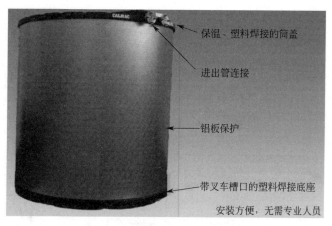

图 2-17 塑料盘管蓄冰桶结构图

41

设备特点

① 圆筒形蓄冰设备由工厂整体组装，成品供应，筒体外已做好保温及铝板保护层，只需在现场连接进出管。

② 蓄冰桶内高效率的热交换管及流程的专利逆流设计，可使制冰和融冰快速均匀。

③ 蓄冰冰层薄，厚度仅为 12mm，蓄冰时乙二醇温度无需很低，蓄冰主机效率高，耗电量小，节能特性突出。

④ 换热器材质为导热塑料管，彻底防止内外腐蚀，蓄冰桶内无金属部件与水接触，彻底防止氧化腐蚀。

⑤ 管径为 16mm，与主机管束接近，不容易堵塞。

⑥ 模块化设计可以方便在改造系统中增加一个或者多个蓄冰桶，实现用户中央空调系统的升级换代。

2）导热复合盘管蓄冰桶，结构形式如图 2-18。

设备特点

① 采用专利自动卫星绕管装置，保证组装质量。

图 2-18　导热复合盘管蓄冰桶结构图

② 蓄冰桶采用整体发泡，保温性能好，无冷桥、不结露，可置于室外等任何场所。由于融冰方式属于完全冻结内融冰方式，无须预留空间作为冷水通道，具有较高的制冰率。

③ 盘管中间无接头，更可靠，管内流动更均匀顺畅。

④ 故障率低，使用寿命长。蓄冰桶内无运转部件，无内应力，故冰桶故障率低，质保期 20 年，设计使用寿命可达 50 年。

2.1.5　蓄冰设备比较（表 2-1）

蓄冰设备情况比较　　　　　　　　　　　　　　　　表 2-1

序号	盘管类蓄冰设备	冰球类蓄冰设备	冰桶类蓄冰设备
1	平均结冰厚度小于 10~25mm，因此制冰温度高，制冰时乙二醇供水温度为 −6~−5℃，冷水机组运行效率高，节能性好	平均结冰厚度大于 50mm，因此制冰温度低，制冰时乙二醇供水温度为 −8~−6℃，冷水机组运行效率低，节能性不如盘管	平均结冰厚度小于 12~18mm，因此制冰温度高，制冰时乙二醇供水温度 −6~−5℃，冷水机组运行效率高，节能性好
2	乙二醇为闭式系统，低温乙二醇不与蓄冰槽接触，蓄冰槽容易保温，施工容易，没有建筑安全问题	乙二醇为开式系统，低温乙二醇溶液与蓄冰槽直接接触，蓄冰槽不易保温，施工困难，乙二醇渗漏时容易破坏土建结构，危及建筑安全	乙二醇为闭式系统，低温乙二醇不与蓄冰桶筒体接触，蓄冰桶容易保温，施工容易，没有建筑安全问题

序号	盘管类蓄冰设备	冰球类蓄冰设备	冰桶类蓄冰设备
3	乙二醇用量少,在同等蓄冰量下,乙二醇用量为冰球 1/5～1/3,因为乙二醇为闭式系统,所以不会蒸发,不需补充	乙二醇用量高,且因为乙二醇为开式系统,所以会蒸发,在使用一定时期后需要补充。乙二醇蒸发所产生的酸性气体,容易造成空气质量问题	乙二醇用量少,在同等蓄冰量下,乙二醇用量与盘管接近,为冰球的 1/5～1/3,因为乙二醇为闭式系统,所以不会蒸发,不需补充
4	蓄冰槽压降小,乙二醇水流均匀,不存在流动及换热死角	蓄冰槽压降大,乙二醇水流不均匀且不易调整,存在流动及换热死角	蓄冰槽压降大,乙二醇水流均匀,不存在流动及换热死角
5	融冰时由内向外,冰与水的接触面积不断增加,融冰效率高,可以全程确保设计要求的乙二醇融冰温度	融冰时由外向内,冰与水的接触面积不断减少,融冰速率低,无法全程确保设计要求的乙二醇融冰温度	融冰时由内向外,冰与水的接触面积不断增加,但因单管太长,融冰效率较低,不能全程确保设计要求的乙二醇融冰温度
6	乙二醇溶液在盘管内循环,不易沉淀	乙二醇溶液在冰球外循环,蓄冰槽容易产生沉淀,乙二醇溶液易呈不均匀状态	乙二醇溶液在冰桶换热管内循环,不易沉淀
7	既可应用标准槽,又可配合现场情况设计混凝土槽,充分利用有效空间	为了保证效果,必须使用细长的立式密闭压力槽,否则乙二醇会产生严重的旁通与短路现象,无法正常蓄冰与融冰	一般为标准筒体,对安装现场空间要求高,无法充分利用有效空间
8	蓄冰量可依据水面高度测量,测量简单	蓄冰量不可依据乙二醇液面高度测量,测量复杂	蓄冰量可依据水面高度测量,测量简单
9	盘管外结冰,无内应力,盘管使用寿命长,盘管泄漏容易查找和修复,维修简单,维修费用低	塑料球内结冰,胀缩变化产生内应力,球体使用寿命会受一定影响,球体损坏需要更换新蓄冰球,维修复杂,维修费用高	盘管外结冰,无内应力,盘管使用寿命长,但是其特殊的结构决定了设备一旦泄漏无法修复,只能报废更换新的蓄冰桶,维修费用最高
10	盘管式蓄冰设备内,乙二醇溶液流动为有组织流动,盘管蓄冰设备经过精心设计后,可具有良好的水力平衡性,无论是制冰工况还是融冰工况,乙二醇溶液均能随着盘管到蓄冰槽的各个位置,制冰或融冰时,冰槽内各部位换热程度基本一致,不存在流动或换热的死区,蓄冰槽的有限空间得到充分利用	冰球式蓄冰槽内,乙二醇溶液从进口流入槽内,经过冰球间隙流向出口,槽内流体流动组织性较差,流动和换热存在不均匀性。在蓄冰槽两侧周围存在死区,蓄冰槽的有限空间不能得到充分利用,融冰时,由外向内融冰效率差,层层相叠,水流不均匀。无法改变制冰和融冰速度,乙二醇在冰球外容易沉淀,乙二醇成不均匀状态。乙二醇因冰球内有间隙及材质变化,无法靠液位变化精确测量	冰桶式蓄冰设备内,乙二醇溶液流动为有组织流动,冰桶蓄冰设备经过精心设计后,可具有良好的水力平衡性,无论是制冰工况还是融冰工况,乙二醇溶液均能随着换热管到蓄冰桶的各个位置。制冰或融冰时,冰桶内部各部位换热程度基本一致,不存在流动或换热的死区,蓄冰桶的有限空间可得到充分利用。单蓄冰桶对布置空间要求较高,空间有效利用率低
11	结论: 在常用的蓄冰设备中,盘管式蓄冰装置的综合性能优于冰桶式蓄冰设备和冰球式蓄冰设备,在国内冰蓄冷市场占有率达80%以上,是蓄冰系统的首选		

2.2 蓄热空调设备

蓄热空调设备是蓄热系统中的能量存储设备,在夜间低谷电时段利用电锅炉将电能转化成热能储存在蓄热空调设备内,在系统需要时,通过水泵和板换将蓄热空调设备内的热能释放出来供给系统。

2.2.1 蓄热空调设备的分类

蓄热空调设备在世界范围内已经应用了几十年，在中国也逐渐普及，特别是随着国家“煤改电”政策的相继出台，蓄热技术得到飞速发展，目前蓄热空调设备种类较多，根据其蓄热介质、蓄热方式等分类，如图 2-19。

- 蓄热设备
  - 水蓄热设备
    - 迷宫式水蓄热设备
    - 隔膜式水蓄热设备
    - 多槽式水蓄热设备
    - 温度分层式水蓄热设备
  - 蒸汽蓄热设备——高温高压蓄热罐
  - 固体蓄热设备——氧化镁砖蓄热设备
  - 相变蓄热设备
    - 熔融盐蓄热设备
    - 纳米复合材料蓄热设备

图 2-19 蓄热空调设备分类图

2.2.2 水蓄热空调设备

水蓄热空调设备是利用清洁能源电能将水加热到一定的温度，使热能以显热的形式储存在水中，当需要用热时，将其释放出来提供采暖用热需要。

优点：方式简单，清洁、成本低廉，夏季可兼作蓄冷设备。

缺点：储能密度较低，蓄热设备体积大；释放能源时，水的温度发生连续变化，若不采用自控技术难以达到稳定的温度控制。

水蓄热空调设备的主要形式有迷宫式、隔膜式、多槽式、温度分层式，其中温度分层式是最常规的设计方法。相关内容见第 1.3.5 节。这里仅就布水器水力特性验算作些计算。

（1）进水雷诺数

在斜温层之上/下发生混合，会导致斜温层的衰减，而对它造成影响的是单位长度配管的进水雷诺数和进水流量。进水雷诺数的计算式：

$$Re_i = q/v$$

式中：q——单位长度配水器的水流量，$m^3/(m \cdot s)$；

v——水的运动粘度，m^2/s。

较低的进水雷诺数有利于减小斜温层进口侧的混合作用。进水 Re 数一般在 240～800 之间能取得较好的分层效果。

（2）Froude 验算

均流器进口的弗劳德数 Fr_i 的计算公式如下：

$$Fr_i = \frac{G}{L[g \cdot h_i^3(\rho_i - \rho_s)/\rho_s]^{0.5}}$$

式中：Fr_i——稳流器进口的弗劳德数；

G——通过稳流器的最大流量，一个条缝的流量，m^3/s；

L——稳流器的有效长度，每个条缝的间距，0.5m；

g——重力加速度，$9.81m/s^2$；

h_i——稳流器最小进口高度，0.3m；

ρ_i——进口水密度，999.90kg/m³；

ρ_s——周围水密度，999.50kg/m³。

入口处 Froude 数小于 1，入口处浮力大于惯性力，即可形成重力流。

（3）斜温层厚度

斜温层的厚度越小越好。根据多项相关工程经验，斜温层厚度宜控制再在 500～800mm。

2.2.3 蒸汽蓄热设备

1）工作原理

蒸汽蓄热设备是热能的吞吐仓库，一般为卧式圆筒状，内装软化水。当用汽负荷下降时，锅炉产生的多余蒸汽以热能形式通过充热装置充入软化水中贮存，使器内水压力、温度上升，形成一定压力下的饱和水（充热过程）；当用汽负荷上升，锅炉供汽不足时，随着压力下降，器内饱和水成为过热水而产生自蒸发，向用户供汽（放热过程）。通过蓄热设备对热能的吞吐作用，使供热系统平稳运行，从而可使锅炉在满负荷或某一稳定负荷下平稳运行。蓄热设备中的水既是蒸汽和水进行热交换的介质，又是贮存热能的载体。在一定压力下，虽然相同重量的蒸汽比水的焓值高得多，但蒸汽比热容很大，因此相同容积的水的含热量远远大于蒸汽的含热量，这就是蒸汽蓄热设备能够吞吐大量热能的原理。蒸汽蓄热设备，如图 2-20。

图 2-20　蒸汽蓄热设备

2）应用范围

（1）应用于用汽负荷波动较大的供热系统，例如制浆造纸、化纤、纺织等行业。

（2）应用于瞬时用汽量较大的供热系统，例如使用蒸汽喷射真空泵的行业，间隙制气的煤气厂、氮肥厂等。

（3）应用于汽源供汽不稳定的供热系统，例如采用余热锅炉供气，采用汽化冷却供汽的体系。锅炉负荷往往受余热量变化的影响而不稳定，采用蓄热设备后可使热系统稳定运行。

（4）应用于需要随时供汽、随时用汽的供热系统，例如间断用汽（不连续）、随时用汽（早晚用汽多，中午用汽少；白天用汽多，晚上用汽少）的宾馆、饭店等。

总之，蓄热设备可有效解决蒸汽的供需矛盾，从而稳定锅炉运行工况，达到提高蒸汽品质、稳定生产工艺、节能降耗的目的，凡是蒸汽负荷不稳定的供热系统，使用蒸汽蓄热设备都可收到良好效果。

3）效益

（1）提高锅炉运行效率、节约燃料。实践表明，使用蒸汽蓄热设备，一般可节约燃料 5%，有时超过 10%。

（2）保证汽压稳定，生产正常，提高产品产量和质量。

（3）使锅炉稳定运行，消除锅炉因经常赶火、压火、拨火等不正常运行而可能引起的损坏，延长其使用寿命。

（4）减轻司炉人员的劳动强度，提高锅炉安全运行率。

（5）锅炉工况稳定后，可以方便地控制风煤比，鼓引风比稳定，改善燃烧过程，减少因不完全燃烧造成的环境污染。

（6）增大供热能力，减少基建投资。在供热能力低于用热负荷的企业恰当地安装使用蓄热设备，可使供汽量提高，避免锅炉增容，减少基建投资。

4）设备特点

（1）设备：主体为一卧式圆筒形压力容器，内部装有充热和放热设备，外部设有人孔、液位计、控制阀门和安全阀门等。

（2）设备出厂时，内件已全部安装好，用户只需安装联接管线、操作平台，并进行保温等。设备基础只承受静负荷，土建施工简单，可露天安装，无需厂房。

（3）自控方便，运行方便，基本不须维修。

（4）开停车方便，运行期间只须巡回检查，无需专人职守，可认为不需要运行费用。

（5）长期停用只需切断其与系统的联接阀门，放入干燥剂保护即可。

（6）一般两年内节约价值即可收回投资。

（7）蒸汽蓄热技术是一个系统工程，应由有经验的技术部门进行全系统优化设计。

（8）蒸汽蓄热设备筒体为压力容器，严格按相关管理和技术规程设计制造。设备出厂时，已由特种设备专职监检部门检验合格，所有安全技术文件齐备，只需在使用单位所在地办理使用许可证即可投入使用。

2.2.4 固体蓄热设备

1）工作原理

固体蓄热设备是以高热容材质做蓄能组件，外壳用隔热耐火材料绝热保温。在夜间，当用电低谷时段，蓄能组件通过电阻加热系统加热到 1000℃ 左右，把电能转换成热能储存起来；到了白天用电高峰期间，则通过送风系统，向储能设备内送入空气，经过温度调节向用户供给热风，或用热风将水加热供给热用户。设备原理如图 2-21。

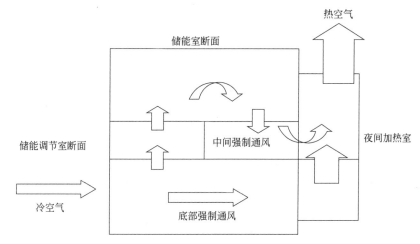

图 2-21　固体蓄热设备原理图

2）应用范围

（1）楼宇供热：供暖及卫生用热水；

（2）工厂供热：车间供暖用热水、生产工艺用热水；

（3）养殖供热：植物温室大棚、动物养殖温度调节；

（4）恒温仓储：恒温去湿仓库如弹药库、酒窖等；

（5）升温热水：酒店、健身馆、游泳池用热水；

（6）间歇能源配套：风力发电、光伏发电蓄热配套。

3）效益

（1）平衡电网峰谷负荷，缓解电厂和输配电设施的建设投资压力；

（2）稳定发电机组负荷，提高发电机组效率，减少环境污染；

（3）减少供暖系统所占用的电网调峰装机容量和输配电设备等社会资源；

（4）可以充分利用低谷电价政策，为使用单位节省大量运行成本。

4）技术特点

（1）大功率发热技术

将高压电直接引入发热体，解决了大功率供热的难题。

（2）高密度热存储技术

用能耐 1000℃以上高温的高密度、高热容蓄热材料制成高温蓄热体。这种高温蓄热体采用优良配比的氧化镁加工而成，经高温烧结定型，具有体积小、热容量大、储热能力强、性能稳定、释热稳定等优点。

（3）水电分离

高温蓄热体与热水循环装置之间没有直接接触，热水环路与蓄热体非一体式，而是相对独立，这种独立能够充分保证蓄热设备在各种场合下安全运行，完美解决高压绝缘问题。

（4）特殊气流组织设计

蓄热设备蓄热池内部采用更加合理的气流组织方式，热风循环流程更加合理、可靠，使得蓄热池放热更加均匀、稳定，保证蓄热池内部无放热死角，有效提高放热效率，提高设备使用效率。

（5）独特的结构形式

蓄热设备中蓄热池、高效变频风机、高效翅片式换热器等关键部件采用独特结构布置形式，在设备蓄热工作时，无需启动风机、水泵进行降温处理，有效保护风机、换热器不超温、不超压，且无汽化危险，保证设备安全稳定运行的同时，大大延长风机、换热器使用寿命。

（6）独特的测温方式

蓄热设备蓄热池内温度、电加热丝温度测量采取直接测量方式，测取温度值更加准确无误，为蓄热设备节能、高效、稳定运行以及全自动化控制提供精准的数据支撑。

（7）先进的控制方式

先进的控制系统可提供本地和异地监控，具有手动、自动控制功能，具有良好的人机界面，输出报表内容全面。控制系统智能化管理，分时段运行模式可设定多个时段，依次定时自动运行，每个时段可分别设置不同的运行温度，并可实现气候补偿控制，实现分时段按需供暖。

2.2.5　相变蓄热设备

相变蓄热设备采用相变储热材料，利用价格相对便宜的谷电将电能转化为热能，并储蓄在相变材料中，通过高效热交换设备将热量释放，提供稳定、安全和便宜的热源供应，具有超高储能密度、循环稳定和安全环保的特点。现在投入使用的相变蓄热设备主要有熔融盐蓄热设备和纳米复合材料蓄热设备。

2.2.5.1　熔融盐蓄热设备

1）工作原理

熔融盐蓄热设备以无机盐为熔融体，通过相变材料温度的上升或下降而存储热能或者放出热能，是目前技术最成熟、材料来源最丰富、成本最低廉的相变蓄热材料。

2）应用范围

（1）集中供热：供暖及卫生用热水；

（2）工厂供热：车间供暖用热水、生产工艺用热水；

（3）间歇能源配套：风力发电、光伏发电蓄热配套；

（4）太阳能热发电配套：高温蓄热；

（5）余热利用：水蒸气与烟气等余热回收。

3）效益

（1）与太阳能发热技术相结合，可提供稳定的连续可调的高品质电能。

（2）平衡电网峰谷负荷，缓解电厂和输配电设施的建设投资压力。

（3）稳定发电机组负荷，提高发电机组效率，减少环境污染。

（4）减少供暖系统所占用的电网调峰装机容量和输配电设备等社会资源。

（5）可以充分利用低谷电价政策，为使用单位节省大量运行成本。

4）运行特点

（1）"四高三低"的优势：温度较高、热稳定性高、比热容高、对流传热系数高、黏度低、饱和蒸汽压低、价格低等。熔融盐作为一种性能优良的高温传热蓄热介质，在太阳能热发电、核电等高温传热蓄热领域具有非常重要的应用前景。

（2）熔融盐蓄热设备的加热储能、换热结构十分复杂，目前还没有达到商业化应用的成熟技术。

（3）对配套设备、管道、材料要求相当高，初投资相当高，且存在安全隐患。

2.2.5.2　纳米复合材料蓄热设备

1）工作原理

纳米复合材料蓄热设备以无机/有机纳米复合材料为介质，通过相变材料温度的上升或下降而存储热能或者放出热能，是目前技术比较成熟、应用范围较广的相变蓄热材料。

2）应用范围

（1）集中供热：供暖及卫生用热水；

（2）工厂供热：车间供暖用热水、生产工艺用热水；

（3）间歇能源配套：风力发电、光伏发电蓄热配套；

（4）余热利用：水蒸气与烟气等余热回收。

3）效益

（1）平衡电网峰谷负荷，缓解电厂和输配电设施的建设投资压力。

（2）稳定发电机组负荷，提高发电机组效率，减少环境污染。

（3）减少采暖系统所占用的电网调峰装机容量和输配电设备等社会资源。

（4）可以充分利用低谷电价政策，为使用单位节省大量运行成本。

4）设备特点

（1）储热密度大：相变材料储热密度为水的 5～20 倍，单体蓄热量≥120kW/m³，是同体积水蓄热系统储热量的 2.5 倍以上。

（2）循环稳定性：物理性能非常稳定，可长期使用，材料无变化、无衰减迹象。

（3）控制先进：先进的控制系统可提供本地和异地监控，具有手动、自动控制功能，具有良好的人机界面，输出报表内容全面。控制系统智能化管理，分时段运行模式每天可设定多个时段，依次定时自动运行，每个时段可分别设置不同的运行温度，并可实现气候补偿控制，实现分时段按需供暖。

（4）标准化设计，利于进行蓄热产品开发和在蓄热工程中应用。

（5）相变材料相变过程中产生的应力容易破坏基体材料，同时会对附属设备产生一定程度的腐蚀作用，因此对设备箱体、管路、附属设备材质要求较高，增加了初投资费用。

（6）纳米复合材料价格较高，导致单位热能的储存费用上升，失去了与其他蓄热设备的比较优势。

3 自控技术在低谷电蓄能空调中的应用

3.1 自控系统综述

低谷电蓄能空调自控系统是智能建筑的重要组成部分，其监控点占到整个 BAS 监控点总数的 60% 以上，而中央空调系统的能耗占到建筑总能耗的 50% 以上，因此中央空调自控系统是建筑节能的重点。蓄能空调控制系统的成功与否将直接影响中央空调系统的运行情况并决定建筑能耗水平的优劣。

自控系统对于蓄能空调系统的意义正如同大脑对于人体的意义，没有自控系统，蓄能空调系统将成为一盘散沙。自控系统是蓄能空调系统的核心组成部分，承担着将蓄能空调系统内各主要设备以及其他子系统组合成一个可运行的、有功能的"有机整体"的重要使命。

低谷电蓄能空调自控系统的目标是：通过对制冷主机、蓄能装置、电锅炉、板式换热器、水泵、冷却塔、系统管路调节阀、水泵变频器进行控制，调整蓄能空调系统各应用工况的运行模式，使系统在任何负荷情况下能达到设计参数并以最可靠的工况运行，保证空调的使用效果。同时在满足末端空调系统要求的前提下，整个系统达到最经济的运行状态；提高系统管理的自动化水平，提高管理效率并降低管理劳动强度。

3.2 自控系统硬件构架

3.2.1 综述

随着计算机以及数字通信技术的发展，中央空调控制系统普遍采用了集散控制方式，这种方式克服了计算机集中控制带来的危险性高度集中和常规仪器仪表就地控制功能单一的缺点。集散控制系统又称分布式控制系统（Distributed Control System），特点是"集中管理、分散控制"，即以分布在现场的微型计算机控制装置（一般采用 PLC，可编程逻辑控制器）完成被控设备的实时监控任务。由于 PLC（Programmable Logic Control）直接分布于控制现场，控制功能较为专一，任务明确，任何一台计算机的故障不会影响其他计算机的正常运行，大大提高了系统的可靠性。

蓄能空调控制系统主要由三层构成：管理层、监控层和现场控制层。

管理层设置操作站，俗称上位机，操作员可在上位机处通过人机交互界面（上位机多采用电脑显示器）对蓄能空调系统进行集中监控和在线管理。专业工程师可在操作站进行系统组态并下载运行数据进行保存或打印。负荷预测及优化控制软件安装于上位机的工控计算机（PC），执行负荷预测及优化控制等高级控制功能。

监控层设置现场控制站，俗称下位机，下位机上同样设 HMI（Human Machine Interface，人机交互界面），现场操作人员可以通过 HMI 直接设定系统运行参数并控制系统运行。下位机多采用可靠性极高的西门子 PLC。

现场控制层主要包括各受控设备和各类自控元器件，如传感检测元件、执行机构（电动阀）、系统动力柜、变频器等。

3.2.2　管理层（上位机系统）

3.2.2.1　上位机

自控系统的最上层管理层俗称上位机系统。上位机为自控系统的图文控制中心，主要由工控 PC 和激光打印机组成，由专业工程师在操作系统 OS 内采用西门子 SIMATIC WinCC 组态软件平台将监控层即下位机 PLC 内的控制程序进行组态，采用全中文操作界面，人机交互界面（HMI）友好。管理人员和操作者可以通过观察 PC 显示的系统运行状态、关键参数以及运行曲线来了解当前和以往整个蓄能自控系统的运行情况和所有参数，并且通过鼠标进行系统管理、执行打印任务，负荷预测以及优化控制等高级功能均可在上位机上实现。

3.2.2.2　WinCC 软件平台

WinCC 是 SIMATIC PCS 7 过程控制系统及其他西门子控制系统中的人机界面组件，是一款优秀的运行于标准 Windows 操作系统的人机界面监控软件。WinCC 最引人注目之处还是其广泛的应用范围，独立于工艺技术和行业的基本系统设计，模块化的结构，以及灵活的扩展方式，使其不但可以用于机械工程中的单用户，而且还可以用于复杂的多用户解决方案，甚至是工业和楼宇技术中包含多个服务器和客户机的分布式系统。

WinCC 的优点：

（1）通用的应用程序，适合所有工业领域的解决方案；

（2）可以集成到所有自动化解决方案内；

（3）内置所有操作和管理功能；

（4）可简单有效地进行组态；

（5）可基于 Web 持续延展；

（6）采用开放性标准，集成简便；

（7）可用选件和附加件进行扩展；

（8）WinCC 增强的 Web 功能，如图 3-1；

（9）WinCC 强大的历史数据管理归档功能，如图 3-2；

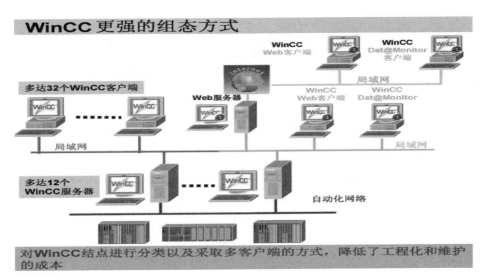

图 3-1　WinCC 增强的 Web 功能

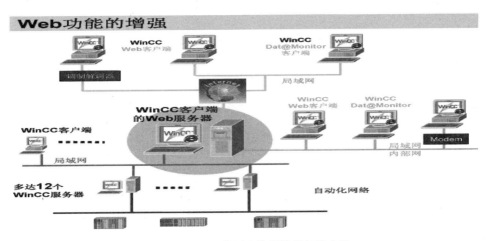

图 3-2　WinCC 的历史数据管理归档功能

（10）WinCC 强大的数据链接功能，如图 3-3；

（11）WinCC 强大的数据集成功能，如图 3-4。

3.2.3　监控层（下位机系统）

监控层，主要包括工业级可编程序控制器和人机界面。下位机通过通信卡与上位机进行数据通信，人机界面采用彩色触摸屏，通过 MPI 协议与 PLC 相连。上位机脱机时，在下位机控制下，整个系统正常运行并可以实现无人值守。

3.2.3.1　SIEMENS 可编程序控制器

该工业级产品以极强的抗干扰性能在严酷的工作环境中得到广泛应用。独立的网络系统免遭计算机病毒的侵犯，确保自控系统的可靠安全运行。其具体结构如图 3-5。

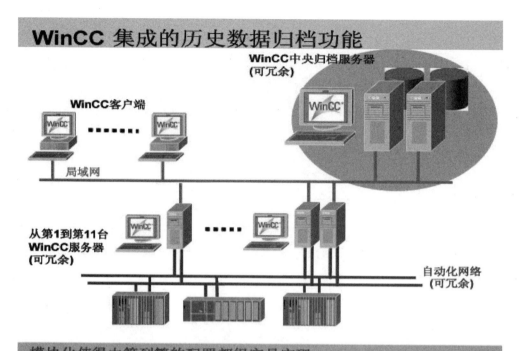

图 3-3　WinCC 的数据链接功能

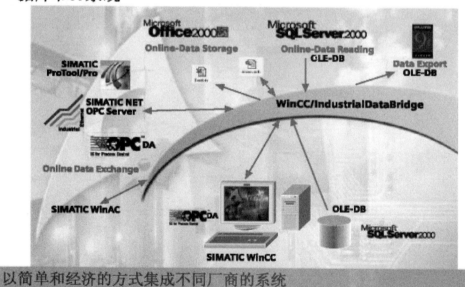

图 3-4　WinCC 的数据集成功能

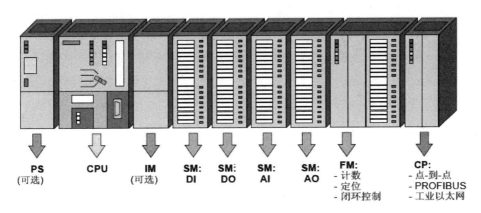

图 3-5　可编程控制器结构图

1）CPU 概述

（1）模块化结构，最多可配置 32 个模块，所有模块均为封装式，运行时无需风扇。

（2）光电隔离，高电磁兼容，具有最高的工业适用性，允许的环境温度达 60℃，具有很强的抗干扰、抗振动与抗冲击性能。

（3）CPU 特具浮点运算、方式选择等功能，指令处理时间仅为 0.3μs。

（4）符合 DIN、UL、CSAT、FM 等国际标准。

（5）触摸面板防护等级高（前面板 IP65），能在严酷的工业环境中使用。

2）西门子 PLC 的优异性能：极高的可靠性；极丰富的指令集；易于掌握；便捷的操作；丰富的内置集成功能；实时特性；强劲的通信能力；丰富的扩展模块。

3.2.3.2　西门子彩色触摸屏

下位机系统内一般采用西门子彩色触摸屏作为操作面板，通过西门子触摸屏，可以直接在屏幕上进行过程控制。操作简便，图形按钮及自解释说明等操作方便，完全取代常规的开关按钮、指示灯等器件，使控制柜面变得更整洁。

更进一步，触摸屏在现场进行状态显示、系统设置、模式选择、参数设置、故障报警（制冷主机的重要报警信息可在触摸屏及上位机中反映）、负荷记录、时间日期、实时数据显示、负荷曲线与报表统计等功能，中文操作界面直观友好。

3.2.4　现场控制层

现场控制层主要是各受控设备和各类自控元器件，如传感检测元件、执行机构（电动阀）、系统动力柜、变频器等。各种检测元器件如同遍布于人体中的神经网络，精确、及时地感应着系统运行的微小变化，各个关键测控点的数据以电流或电压信号通过数据电缆传递至 PLC 系统中的输入模块，自控系统的中枢神经 PLC 中的 CPU 模块通过内植的控制软件可以比较出实测值与目标值之间的差异，通过 PID 比例积分计算、延时计算等自动控制算法计算各种执行机构应执行的动作以及动作的幅度，再通过输出模块将控制程序计算结果处理成各种执行机构（电动阀、变频器、动力柜内接触器等）可以"听懂"的指令（同样为电流信号或者电压信号），再通过数据电缆传递至执行机构，执行机构动作以修正当前值和系统设定目标参数值之间的偏差，至此一个典型、完整的"检测偏差－向上反馈－程序计算－向下反馈－执行动作－修正偏差"控制环形成，自动控制系统的控制目标最终得以实现。

3.2.5 监控系统网络配置及性能指标

蓄能中央空调机房控制系统中的上位机向楼宇自控系统 BAS 开放接口，蓄能机房内全部运行数据可以向楼宇自控系统全面提供。楼宇自控系统内工作站上可由相应组态软件进行组态，在 BAS 工作站电脑上可以直接监控蓄能机房运行。

蓄能房内上位机系统通过内置网卡，以 OPC 通信方式并采用常见的 TCP/IP 通信协议，如图 3-6。由 BAS 系统分配给蓄能机房内上位机某一固定 IP 地址，BAS 工作站电脑可以通过点对点通信方式访问蓄能机房内上位机并上载蓄能机房内经编码且一一对应的全部运行数据。

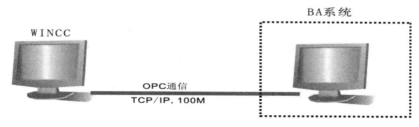

图 3-6　通信方式图

OPC 是为了解决应用软件和各种设备驱动程序的通信而产生的一项工业技术规范和标准。它采用客户/服务器体系，基于 Microsoft 的 OLE/COM 和 DCOM（Distributed Component Object Model）技术，为硬件厂商和软件开发者提供了一套标准的接口。OPC 规范了接口函数，不管现场设备以何种形式存在，客户都以统一的方式去访问，从而保证软件对客户的透明性。OPC 是一种标准接口，它能被连接到 I/O 装置、PLC、现场总线、组态软件等，该技术提供一种即插即用的软硬件组件，用户很容易将它们集成为完整的自动化系统。利用 OPC 技术开发标准的 OPC 服务器来代替过去专用的 I/O 设备驱动器软件，并将各种应用设计成 OPC 的客户端，这样在 OPC 客户和 OPC 服务器之间就可进行通信和互操作，OPC 硬件和软件制造商就能够在互联问题上花费很少的时间而将大量的精力放在应用问题上，从而减少大量的劳动。OPC 可以充当现场设备、数据传输和向上层的应用程序的接口。当作为下层现场设备的标准接口时，它代替传统的"I/O 驱动器"来完成与现场设备的通信。当 OPC 服务器向上层应用程序提供标准接口时，上层的应用程序能够读取到 OPC 服务器中的数据，从而向上实现互联。TCP/IP 协议在商用网络领域应用极为广泛，成熟可靠，运行稳定，使用带宽为 100M，足以应付水蓄冷中央空调系统上位机向楼宇自控系统 BAS 上位机的上载数据流量。

3.2.6 控制系统设备的通信接口类型及通信协议

在控制系统中,核心控制设备可编程逻辑控制器需要和上位机、触摸屏以及各受控设备、元器件之间进行数据通信,实现系统运行参数上行和控制指令下行的控制过程。因此在 PLC 与其他监控设备之间存在不同的通信接口类型,并对应于不同的通信协议,如图 3-7。

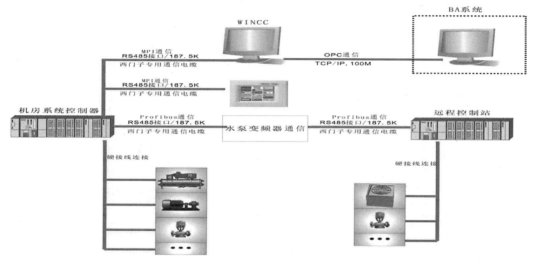

图 3-7 通信协议图

3.2.6.1 MPI 通信

西门子彩色触摸屏、上位机与 PLC 通信采用 MPI 通信方式,其通信协议为标准的 MPI 通信协议。MPI 通信是当通信速率要求不高、通信数据量不大时,可以采用的一种简单经济的通信方式。MPI 通信可以使用 PLC 操作面板 TP/OP 以及上位机 MPI/PROFIBUS 通信卡。MPI 网络最多可以连接 32 个节点,最大通信距离为 50m,可以通过中继器来扩展长度。西门子 PLC,CPU 上的 RS485 接口不仅为编程接口,同时也是 MPI 通信接口,在无其他硬件环境下,可以实现 PG/OP、全局数据通信以及少量数据交换的 S7 通信等通信功能。其网络结构的配置如图 3-8。

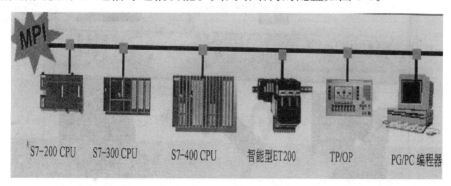

图 3-8 网络结构配置图

现场控制器 PLC 与触摸屏通过标准的 RS485 接口连接，每个通信兼容模块是操作单元的通信同级设备。它包含 CPU 以及通信兼容的功能模块（FM）。通过 MPI 连接，操作单元（PC 或 OP，即上位机或触摸屏）被连接至 PLC 的 MPI 接口。

3.2.6.2　现场总线 Profibus 通信

Profibus 是一种国际化、开放式、不依赖于设备生产商的现场总线标准。广泛适用于制造业自动化、流程工业自动化和楼宇、交通电力等其他领域自动化。Profibus 由三个兼容部分组成，即 Profibus-DP（Decentralized Periphery）、Profibus-PA（Process Automation）、Profibus-FMS（Fieldbus Message Specification），如图 3-9。

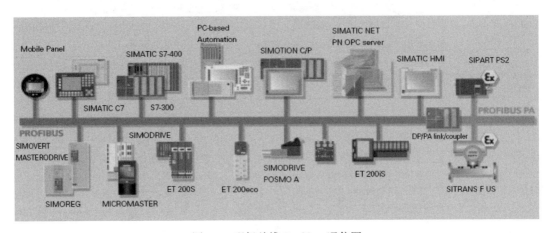

图 3-9　现场总线 Profibus 通信图

3.3　自控系统软件功能及性能指标

自控系统的软件主要包括两类。一类为平台性质软件，如操作系统 OS（Operation System）、西门子 SIMATIC Step-7 编程平台以及 WinCC 组态软件平台。另一类为在软件平台上根据具体情况做出的控制软件、上位机操作软件和运行于上位机平台的负荷预测及优化控制软件。具体清单见表 3-1。

常用自控软件统计表　　　　　表 3-1

序号	软件类型	软件名称	数量
1	操作系统(OS)软件	WINDOWS2000-SEVER	1套
2	下位机控制程序编制平台软件	SIMATIC Step-7	1套
3	上位机控制程序编制平台软件	WinCC	1套
4	蓄能系统下位机监控软件	SIMATIC Step7	1套
5	蓄能系统上位机监控软件	STEP7-MICWIN3.2 V3.1	1套
6	负荷预测及优化控制软件	FUZZY V1.6	1套

3.3.1　西门子 Step-7 编程平台简介

西门子 Step-7 是用于 SIMATIC S7-300/400 站创建可编程逻辑控制程序的标准软件，可使用梯形图逻辑、功能块图和语句表进行编程操作。PCD1 和 PCD2 Saia-PCD 控制设备也可以用 Siemens Step-7 来编程。使用 Step-7 编程可以在 Saia PCD 上实现某些集成在 Step-7 内的功能。编程平台如图 3-10。

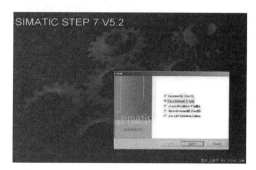

图 3-10　编程平台

编程平台在常规功能之外还具备以下特点：

（1）DK 3964 R/RK 512 等标准协议已经集成到控制器内，不需要额外驱动；

（2）内置 MPI 软件接口；

（3）集成 Modem 支持：内置 Modem 功能，可进行远程编程、诊断或数据传输；

（4）编程不需 MPI 转换器，直接通过 PC 上的 RS232 口；

（5）现场总线通信功能：控制器功能中已集成了 Profibus DP / FMS 和 LON-Works；

（6）利用 Web Server 进行监控；

（7）储存 HTML、图片、PDF 文件等到控制器里供通用浏览器查看；

（8）扩展操作系统功能：如保护技术秘密，防止被非法查看或复制。

3.3.2　蓄能系统下位机监控软件功能说明

蓄能系统控制软件以西门子 Step-7 为编制平台进行编制，具备控制功能的软件还需通过 PROTOOL 软件在下位机的触摸屏进行处理，使得操作人员可以在触摸屏等人机界面完成对系统的设置，又可实现对系统的自动管理和监视。

系统启动画面：当触摸屏通电时，屏幕上出现"启动画面"如图 3-11。按下"水储冷空调系统"按钮，输入密码可进入蓄冷系统，对系统进行设置和监视。按下"水蓄热空调系统"按钮，输入密码可进入蓄热系统，对系统进行设置和监视。按下"系统设置"按钮，可进入触摸屏设置系统，该键禁止按下，操作人员必须得到授权才能进入。该菜单内部参数只有系统员或者专业人员才能修改，否则将造成系统运行紊乱，甚至无法运行。

图 3-11　触摸屏启动画面

3.3.3　FUZZY 负荷预测及优化控制软件

3.3.3.1　负荷预测的原理及特点

1. 研究背景

随着人类社会的高度发展，能源与环境问题越来越成为全世界关注的焦点，空调作为耗能大户，部分地区空调用电已超过全部用电的 40% 以上。空调用电的增加，使得许多大中城市的夏季高峰用电量和供电昼夜峰谷差在不断加大，部分地区最大峰谷差已达到最大负荷的 40%。

空调蓄能应用技术是以电力移峰填谷、平衡电网负荷为目标而兴起的一门实用综合技术。在欧美和日本等工业发达国家中，由于电力公司及政府能源部门的积极鼓励和倡导，蓄冷技术不断完善、成熟，其推广和应用得到迅速发展。

蓄能空调系统的推广与应用是在社会宏观经济效益与微观用户经济效益相一致的前提下实现的。蓄能空调的大量应用，可以平衡电网负荷，利用峰谷电价，节省空调运行费用。

为了节省空调系统的初投资以及配电容量，绝大部分水蓄冷空调系统都采用了分量蓄冷的设计，即设计日空调负荷由蓄冷水槽和制冷主机共同分担冷负荷。现行的电价政策大都是将一天内的 24h 分为高峰电价时段、平峰电价时段和低谷电价时段等三个时段，以往水蓄冷空调的主机优先和蓄冷水槽优先的运行模式均无法达到既满足空调负荷要求，又使运行费用最节省的双重目的。为了更有效地节省空调运行费用，必须对水蓄冷空调进行优化控制，将水槽供冷负荷与制冷负荷合理分配在每个时段内，使得系统既能满足负荷的要求，又使运行费用最节省，而实现这一要求的前提是事先必须知道负荷的分布情况。建筑物负荷不是一成不变的，它随着季节、时间、气温、湿度以及其他各种偶然因素变化，传统的负荷计算软件无法对每天的负荷进行准确计算。

2. 负荷预测的原理及特点

负荷预测主要通过分析以往实际运行数据，利用统计、概率、矩阵等方法来预测未来负荷，它是一个统计模型，预测不需要考虑诸如新风负荷、日照负荷、设备负荷等基本稳定的内部因素，只需考虑如最高气温、最低气温等外部因素，而且操作十分方便。由于负荷预测的依据来源于实际运行数据，所以，负荷预测只适用于空调系统建成后的运行阶段，而不适用于空调系统设计阶段。

负荷计算则需要考虑新风负荷、日照负荷、设备负荷、人员负荷等，要考虑建筑物的墙体厚度、窗墙比、玻璃厚度、窗帘使用情况等，计算比较复杂，并且由于每天的天气不一样，每个季度的日照方向不一样，所以算出来的负荷也不一样。因此，负荷计算只适合于在空调系统的设计阶段来确定其最大负荷，而不适合于日常的运行管理。

3. FUZZY 负荷预测与其他负荷预测软件的比较

理论上，预测软件能不断学习实际运行经验，取得越来越准确的预测结果。实际工程中的负荷值通常是通过系统中冷媒的温差和流量来计算的。在实际运行中，不可避免地会出现各种设备故障、传感器故障、临时停机等偶然现象，采集过程会出现数据遗漏、数据错误、数据偏差较大的情况，因此软件学到的既有有规律性的数据，也有错误的数据和偏差很大的数据。学到规律性的数据可以得到良好的预测效果，学到错误的数据会得到错误的结果，学到偏差较大的数据会导致预测结果与实际偏差较大。

对于错误的数据，人工很容易识别，计算机识别难度较大，但通过复杂的程序多次过滤，大部分也能清除。而偏差较大的数据即使人工也很难识别，很多数据仅用对与错来描述显然是不够的，处理这类数据通常要用到模糊数学的方法。

FUZZY 负荷预测软件就是在原有负荷预测软件的基础上，利用模糊数学的方法，在处理原始数据上，增加了数据过滤、数据补齐，特别是增加了模糊处理功能，使软件能自动识别原始数据的有效性以及每个数据的可信度，使软件能够抓住原始数据的主要规律，减小非规律性数据给预测结果带来的错误与不稳定性。

3.3.3.2　负荷预测理论模型

负荷预测采用统计模型和模糊理论，直接分析以往的运行数据来对今后的负荷进行预测。统计模型是采集以往的运行数据，对这些数据进行统计分析，找出这些运行数据的规律与变化趋势，再根据预测日的天气等对负荷影响较大的因素进行修正，得出预测日的预测数据。模糊理论主要针对实际运行中存在诸多不稳定因素容易导致采集的部分数据出现错误，或者根本不具有代表性、不能反映负荷变化的真实规律，软件对这些数据进行模糊过滤、模糊处理，使预测结果更能反映实际规律，预测更稳定。

利用模糊数学的方法，在处理偏差较大的数据时，不是简单地判定数据是正确或错误，而是引入一个可信度的概念，当一个数据与基准数据相差很小时，认为该数据可信度很高，反之可信度很低。可信度是一个介于 $0\sim1$ 之间的数值。可信度的高低可以通过模糊函数计算而来。

模糊函数的种类很多，包括三角形模糊函数、梯形模糊函数、S 型模糊函数、柯西模糊函数、正态分布模糊函数等，本书以模糊幂函数为例来介绍模糊处理的方法。

假设 i 时刻的预测负荷为 $Q_{f,i}$，由采集系统得到的负荷为 $Q_{r,i}$，令 $R_i = \dfrac{Q_{r,i}}{Q_{f,i}}$，$RF$ 为相对稳定性因子（RF 为大于 1.0 的数值），CR_i 为相对模糊可信度。

$$CR_i = \begin{cases} (R_i + RF - 1)^{nrl}, \text{当 } R_i < \dfrac{1}{RF} \text{时} \\ 1, \text{当 } \dfrac{1}{RF} \leqslant R_i \leqslant RF \text{ 时} \\ (R_i - RF + 1)^{-nrh}, \text{当 } R_i > RF \text{ 时} \end{cases}$$

式中：nrl 为相对偏小模糊强度，nrh 为相对偏大模糊强度。

图 3-12 为模糊幂函数示意图，所有的模糊函数都应该是连续函数，即当 $\nabla R_i \rightarrow 0$ 时，$\nabla CR_i \rightarrow 0$。

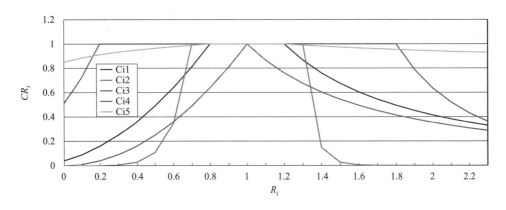

图 3-12　模糊幂函数示意图

RF 越小，如图中 Ci4，即认为绝对可靠的数据也越少，更多的数据被认为可信度较低，这样会使得该模糊函数用于预测时预测结果较稳定，但如果太接近 1.0，就会导致本来合理的偏差被认为可信度很低，预测系统对当前的数据变化反应迟钝，学习较慢；如果 RF 太大，如图中 Ci3，即认为绝大多数的数据都绝对可靠，这样就会失去模糊功能，把本来可信度很低的数据认为是非常有效的数据；根据系统的稳定程度，根据经验，RF 的值通常在 1.1~1.5。

nrl 和 nrh 分别为数据偏低和数据偏高时的模糊强度，它们的值均为大于 0 的实数，根据需要分析数据的特点，两个值可以相同，也可以不同。当取值太小时，如图中 Ci5，系统会认为大多数数据的可信度都较高，这会使得系统失去模糊功能；反之，当它们的取值太大时，如图中 Ci2，系统会认为偏差较大的数据的可信度非常低，这样容易使得本来正确的数据错判为非法数据。对于空调负荷预测系统，根据经验，nrl 和 nrh 的值通常在 1.0~2.0。

在实际空调负荷预测中，仅靠相对模糊可信度来判断一个数据的可信度是不够的，还需考虑数据的绝对模糊可信度 CA_i。

假设 i 时刻的预测负荷为 $Q_{f,i}$，由采集系统得到的负荷为 $Q_{r,i}$，此时的最大可能负荷为 $Q_{max,i}$，令 $A_i = \dfrac{|Q_{r,i} - Q_{f,i}|}{Q_{max,i} \times RA}$，$RA$ 为绝对稳定性因子（通常 $0.05 \leqslant RA \leqslant 0.4$），$CA_i$ 为绝对模糊可信度。建立一个反 S 型模糊函数：

$$CA_i = \frac{2}{e^{A_i} + e^{-A_i}}$$

式中：nrl 为相对偏小模糊强度，nrh 为相对偏大模糊强度。

图 3-13 为反 S 型模糊函数示意图，当 $A_i \to 0$ 时，$C_i \to 1$；当 $A_i \to \infty$ 时，$C_i \to 0$，即绝对偏差越小，可信度越高，反之绝对偏差越大，可信度越低。

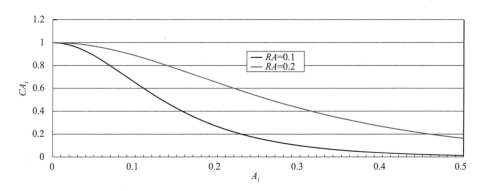

图 3-13　反 S 型模糊函数示意图

根据系统的稳定程度，RA 可取不同的值，系统越稳定，RA 取值可越小，系统波动越大，RA 取值也应该越大。

模糊可信度 C_i 是相对模糊可信度和绝对模糊可信度的函数，根据不同的数据情况，函数关系式可以有不同的形式，由于 C_i 仍是一个模糊函数，因此它必须满足模糊函数的特征，即：（1）它的值必须介于 0 和 1 之间；（2）它必须是连续函数；（3）它的值必须符合常理。

根据以上条件，我们可以建立如下函数：

1）$C_i = \sqrt{CR_i \cdot CA_i}$

2）$C_i = \dfrac{CR_i + CA_i}{2}$

3）$C_i = \max(CR_i, CA_i)$

4）$C_i = \min(CR_i, CA_i)$

5）$C_i = \sqrt{\dfrac{CR_i^2 + CA_i^2}{2}}$

以上公式可以统一成一个公式 $C_i = \sqrt[n]{\dfrac{CR_i^n + CA_i^n}{2}}$，$n$ 为保守系数（$-\infty < n <$

$+\infty$，$n\neq0$），当希望 C_i 接近于 CR_i 和 CA_i 之间较小数时，n 取值较小，反之 n 取值较大。

在对每个数据进行模糊评价后，即可进行数据的预测，

$$QT_{f,i}=f(Q_{f,i},Q_{r,i},C_i,T_{h,I},T_{l,I},T_{h,I+1},T_{l,I+1},P_I,P_{I+1},\cdots)$$

式中：$QT_{f,i}$——预测天第 i 时刻的预测负荷；

$\quad\quad T_{h,I}$——参考天的最高气温；

$\quad\quad T_{l,I}$——参考天的最低气温；

$\quad\quad T_{h,I+1}$——预测天的最高气温；

$\quad\quad T_{l,I+1}$——预测天的最低气温；

$\quad\quad P_I$——参考天的预测人数；

$\quad\quad P_{I+1}$——预测天的预测人数。

公式中 f 的具体形式根据统计回归公式，f 中的参数根据实际工程影响负荷的因素可以增减。

3.3.3.3　优化控制模型

优化控制软件根据以往的负荷情况、运行情况、次日的气候情况预测出次日的负荷，并根据预测负荷及系统约束条件对次日的运行方案进行优化，输出次日各时刻的运行工况，包括制冷机的开启台数，电锅炉的开启台数，蓄能水泵、放能水泵的开启台数以及主机的设定（运行工况及温度设定）。

优化控制模型主要包括的约束条件：

（1）每个时刻空调系统所需要的总负荷等于能源设备提供的负荷与蓄能装置提供的负荷之和；

（2）能源设备提供的负荷必须小于等于能源设备所能提供的最大负荷；

（3）为保证能源设备高效率运行，每台能源设备所提供的负荷不小于能源设备额定负荷的 50%；

（4）蓄能设备所提供的负荷不得大于蓄能设备的最大蓄能能力；

（5）能源设备（制冷机、电锅炉）开启台数不得超过总的能源设备台数；

（6）蓄能水泵的开启台数等于能源设备的开启台数；

（7）应将放能尽量用在电价高峰时段；

（8）应保证放能的合理分配，既要保证满足负荷要求，又要尽量将储存能量全部放出；

（9）考虑制冷机出口温度对盘管融冰速率的影响；

（10）考虑系统流量对蓄能速率的影响；

（11）考虑蓄能设备出口温度设定对蓄能设备放能速率的影响；

（12）在保证负荷要求的情况下，尽量不要在用电低谷时段放能。

所有这些约束条件形成一个约束网络，如图 3-14。

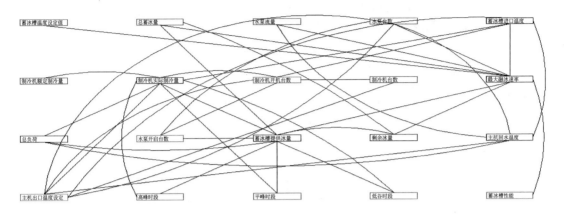

图 3-14　优化控制约束条件网络

3.3.3.4　负荷预测软件功能

1. 文件处理功能

（1）定时导入数据功能（图 3-15）；

（2）自动检查数据并导入数据（图 3-16）；

（3）自动补齐预测（图 3-17）。

图 3-15　定时导入数据界面

图 3-16　自动检查数据并导入数据界面

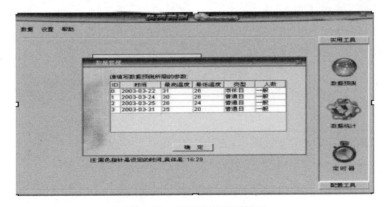

图 3-17　自动补齐预测界面

2. 数据处理功能

（1）自动过滤原始数据中的错误数据；

（2）自动补齐原始数据中遗漏的数据；

（3）自动补齐因操作人员遗忘而造成的遗漏数据；

（4）自动分辨工作日与双休日（图 3-18）。

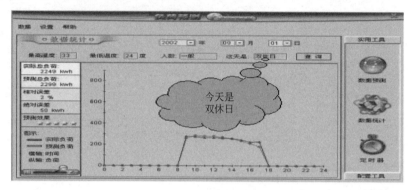

图 3-18　双休日界面

3. 模糊预测功能

（1）模糊识别各数据的可信度；

（2）相对模糊处理；

（3）绝对模糊处理；

（4）模糊预测结果处理（模糊清零）；

（5）模糊处理实际运行中的偶发因素（如停电、停机、天气突变、临时开会等）（图 3-19）；

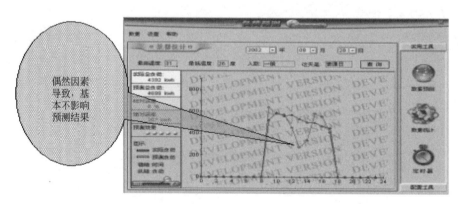

图 3-19　模糊预测功能界面

（6）预测评价功能（图 3-20）。

4. 优化控制功能

（1）软件根据预测负荷自动生成优化控制运行图（图 3-21）；

（2）软件根据预测负荷自动生成优化运行参数表（图 3-22）。

图 3-20 预测评价功能界面

图 3-21 优化控制运行图

时间	实际数据	预测负荷	融冰量	制冷量	开机台数	制冷机出…
00	0	0	0	0	3	-6.3
01	0	0	0	0	3	-6.3
02	0	0	0	0	3	-6.3
03	0	0	0	0	3	-6.3
04	0	0	0	0	3	-6.3
05	0	0	0	0	3	-6.3
06	0	0	0	0	0	0.0
07	0	0	0	0	0	0.0
08	541	604	314	290	3	6.8
09	277	578	314	264	2	5.4
10	296	564	314	250	2	5.5
11	729	550	257	293	3	6.1
12	594	520	88	432	3	4.4
13	555	465	257	208	2	5.1
14	527	455	257	198	2	5.1
15	484	433	257	176	2	5.2
16	424	351	257	94	1	4.3
17	66	16	16	0	0	0.0
18	0	0	0	0	0	0.0

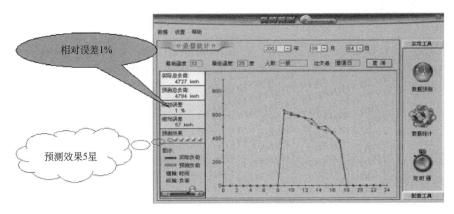

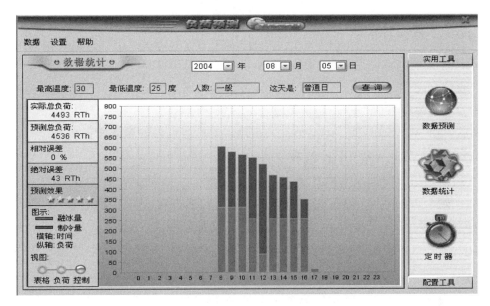

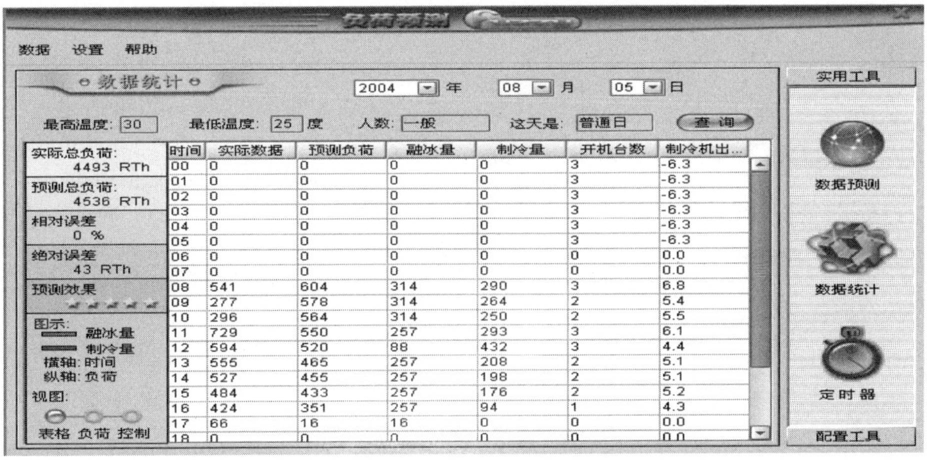

图 3-22 优化控制参数表

3.3.3.5 负荷预测软件介绍

1. 软件简介

FUZZY负荷预测软件（以下简称FUZZY）采用了21世纪人工智能最前沿的模糊技术，对建筑物以往空调运行的实际负荷进行模糊过滤、模糊识别，根据次日的天气情况，对次日负荷进行模糊预测。FUZZY能够很快掌握空调负荷的规律，具有自学习快的特点。由于采用了模糊识别的技术，FUZZY能够紧紧抓住建筑物空调负荷变化的普遍规律，且能够自动识别因偶然因素造成的负荷波动，比如天气的突然变化，因停电或设备故障等因素造成的停机，因传感器损坏造成的实际采集错误等，因此，FUZZY的稳定性较其他负荷预测软件好。

2. 软件安装

系统配置要求：经测试，该软件可以在 WINDOWS2000 PROFESSIONAL、WINDOWS2000 SERVER、WINDOWS XP 操作平台下运行，系统要求装有 Microsoft Access 2000 软件。

安装：直接运行 SETUP. EXE 进行安装，按照安装程序的提示信息逐步运行安装程序，为日后使用方便，建议在安装过程中尽量使用默认方式与默认目录。

卸载：由 WINDOWS 开始菜单进入程序，然后鼠标左键单击空调负荷预测系统下的卸载负荷预测即可卸载 FUZZY 软件。

3. 负荷预测软件基本使用方法

（1）使用前准备：FUZZY 是根据以往的运行数据来对未来负荷进行预测的，因此，为使预测更准确，需要至少有 10 天的运行数据，数据文件格式为＃＃＃＃-＃＃-＃＃. daq，＃＃＃＃-＃＃-＃＃代表年-月-日，文件内应有如下参数："日期，时间，流量，室外温度，送水温度，回水温度，剩余冰量，末端总负荷"，其中口期格式为"＃＃＃＃-＃＃-＃＃"，时间格式为"＃＃-＃＃"，其余数据为浮点型，单位分别为 m^3/h,℃,℃,℃，RTH，RTH。

（2）为使 FUZZY 能尽快掌握负荷变化规律，初始数据（尤其是第一天数据）不得有不正常数据，应该能基本反映负荷变化的规律。由于 FUZZY 自动对工作日与非工作日作了分别处理，因此，工作日和非工作日的第一天数据均具有代表性。如果第一天的数据不具有代表性，那么将该日数据移出原始数据文件夹，以此类推。运行一段时间后，软件就能自动识别出非正常数据。

（3）启动负荷预测软件：鼠标左键双击图标 或由 WINDOWS 开始菜单进入程序，然后鼠标左键单击空调负荷预测系统下的负荷预测即可运行 FUZZY 软件，如图 3-23 所示。

（4）系统的初始设置：由下拉菜单"设置"→"系统设置"进入系统设置，或从右边的"配置工具"→"系统设置"进入系统设置。系统设置内包括三个子设置，分别是"系统流程""主要设备"与"设计负荷"。根据提示，对各项目进行选择或输入相应数据，如图 3-24 所示。

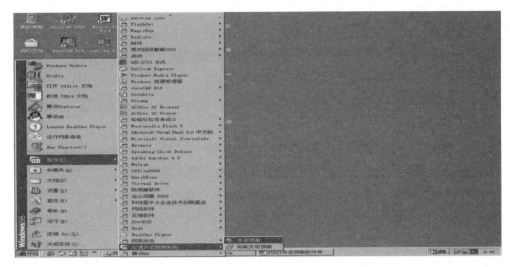

图 3-23 如何启动 FUZZY

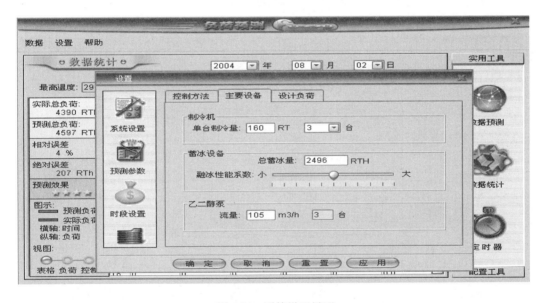

图 3-24 系统设置界面

（5）预测参数设置：由下拉菜单"设置"→"预测参数设置"进入预测参数设置，或从右边的"配置工具"→"预测设置"进入预测参数设置，如图 3-25 所示，拖动各参数上的滑条可以改变各预测参数，不同的预测参数将得到不同的预测效果。对于初期使用者，建议不要改变原设定值，使用默认值。

（6）电价设置：由下拉菜单"设置"→"时段电价设置"进入电价设置，或从右边的"配置工具"→"系统设置"→"电价设置"进入电价设置。如图 3-26 所示，将当地电价输入相应的各时段内，鼠标左键选中表中时段，然后按"箭头"按钮将各时段分别放入高峰时间段、平峰时间段或低谷时间段。

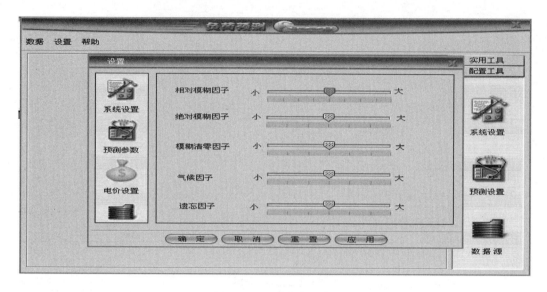

图 3-25　预测参数设置

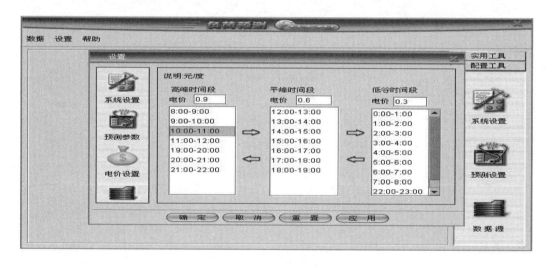

图 3-26　电价设置

（7）数据源设置：由下拉菜单"设置"→"数据源设置"进入数据源设置，或从右边的"配置工具"→"数据源设置"进入数据源设置。如图 3-27 所示，鼠标左键单击"目录选择"按钮选择原始数据所在目录。如果长期开启 FUZZY 软件，软件将在指定时间内去检查原始数据目录中是否有新的数据产生并将新的数据存入数据库，如果不长期开启 FUZZY 软件，在启动软件后，由下拉菜单"数据"进入"数据检查"，软件将自动去检查原始数据目录中是否有新的数据产生并将新的数据存入数据库。按"确定"返回主菜单。

（8）数据检查：所有初始设置完毕后，由下拉菜单"数据"进入"数据检查"，如果原始数据目录下有新的数据尚未导入软件内的数据库，则会出现如图 3-28 页面。如果原始数据目录下所有数据都已导入软件内的数据库，则会出现如图 3-29 所示页面。

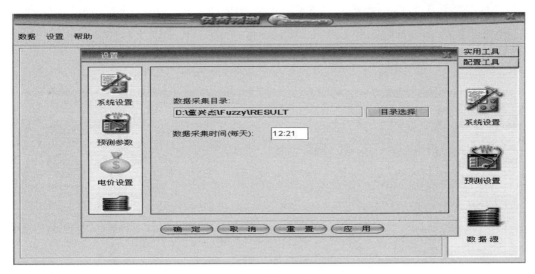

图 3-27 数据源设置

图 3-28 数据检查 1

图 3-29 数据检查 2

当新的数据导入完成后，软件会提示输入新导入数据日的最高温度、最低温度、当日类型（普通日或双休日）、当日人数，以便补充预测数据，如图 3-30 所示，表格中已经填写了各项的默认值，如果不需改动，直接按"确认"键即可，如果需要改动，则输入相应温度和选择相应类型和人数。

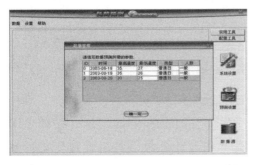

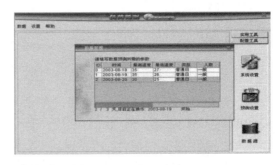

图 3-30 批量预测

（9）数据统计：由下拉菜单"数据"→"数据统计"进入数据统计页面，或从右边的"实用工具"→"数据统计"进入数据统计页面，选择相应的年、月、日按"查询"按钮可以查询当日的实际负荷和预测负荷，如图3-31和图3-32所示，页面左下角为图表切换开关，可以分别以图或表的方式查询实际负荷和预测负荷。

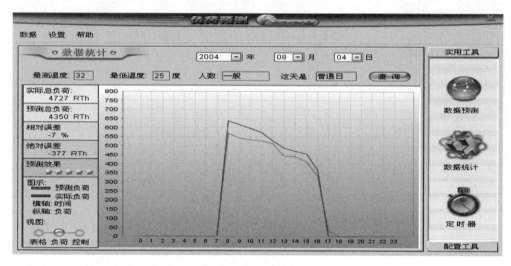

图3-31　数据统计图

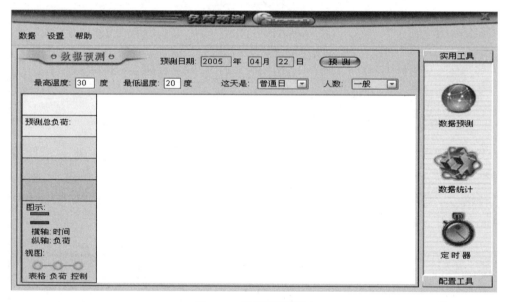

图3-32　数据预测界面

（10）负荷预测：由下拉菜单"数据"→"数据预测"进入数据预测页面，或从右边的"实用工具"→"数据预测"进入数据预测页面，如图3-32所示，按照提示输入第二天的最高气温、最低气温、选择日期类型和预计人数，对于人数变化不大的建筑，建议不要改变人数，使用默认值"一般"，输入完成后按"预测"键即可；

当发现输入错误，希望重新预测时，按"重置"键，如图 3-33 所示，重新输入参数，即可重新预测。

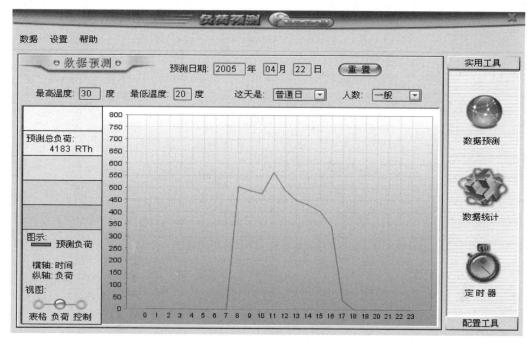

图 3-33　重新预测界面

4. 高级使用秘诀

通过改变预测设置，可以使预测达到更好的效果，以下分别介绍各预测因子的含义及其对预测结果的影响。

（1）相对模糊因子：表示参考天（与预测日类型相同且离预测日最近的一天）的实测负荷与预测负荷相对偏离程度对参考天实测值可信度影响的大小，如果相对模糊因子小，则多数时刻实测值的可信度较小，反之，多数时刻实测值的可信度较大。其作用是：当相对模糊因子较小时，其优点是预测较稳定，受实测负荷因各种偶然因素带来的不稳定影响较小，其缺点是预测反应比较迟钝，如大楼有部分区域新开业，负荷大幅度上涨，软件会误认为这是偶然因素引起的，要经过较长一段时间才能与实际负荷相符；当相对模糊因子较大时，其优缺点正好与相对模糊因子较小时相反；当相对模糊因子最大时，软件失去模糊功能，这时预测对实测负荷的反应非常灵敏，预测波动很大，比如前一天上午停电造成实测负荷为 0，那么后一天上午的预测负荷可能会大大偏小。

（2）绝对模糊因子：表示参考天（与预测日类型相同且离预测日最近的一天）的实测负荷与预测负荷绝对偏离程度对参考天实测值可信度影响的大小。其对预测的影响与相对模糊因子基本一致。

（3）模糊清零因子：模糊预测的结果是通过一系列的复杂运算计算出来的，必然会在某些时刻出现一些很小的负荷甚至小于0的负荷，而这些时刻实际上是没有负荷的，为了预测能够更好地指导运行，软件将这些极小的负荷清零。模糊清零因子小可能会失去清零作用，反之可能把不应该清零的清零。软件根据实际经验设定了默认值，一般不需改变。

（4）气候因子：表示天气情况对负荷影响的大小，气候因子越大，天气对负荷的影响越大，反之亦然。软件设定的默认值适合于大多数建筑物，通常不需改变。如果通过长时间的观察发现预测对天气变化反应迟钝或过敏，可以适当增大或减小气候因子。

（5）遗忘因子：表示参考天（与预测日类型相同且离预测日最近的一天）的实测负荷完全可信时参考天负荷对预测日负荷影响的大小，遗忘因子越大，参考天实测负荷对预测日预测负荷的影响越大，反之越小。

3.3.3.6　负荷预测软件的应用

本软件经改造后已试用于某水蓄冷空调工程，并取得了较好的效果。图3-34到图3-45为该水蓄冷空调工程从2019年7月24日到8月4日实际负荷与预测负荷的对比图。图3-46到图3-47为该水蓄冷空调工程从2019年8月1日到8月2日优化控制运行策略图。

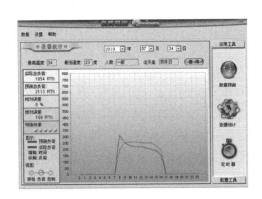

图3-34　2019年7月24日

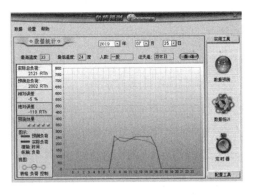

图3-35　2019年7月25日

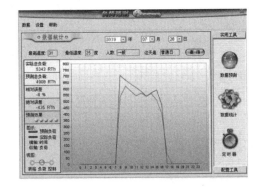

图3-36　2019年7月26日

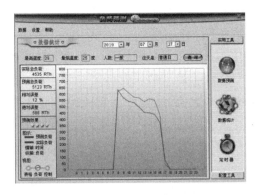

图3-37　2019年7月27日

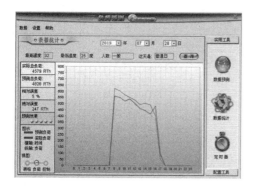

图 3-38 2019 年 7 月 28 日

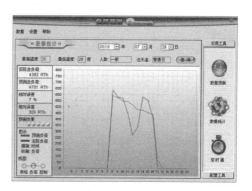

图 3-39 2019 年 7 月 29 日

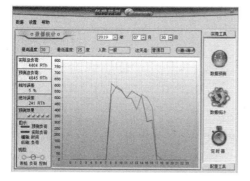

图 3-40 2019 年 7 月 30 日

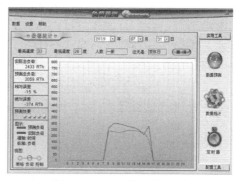

图 3-41 2019 年 7 月 31 日

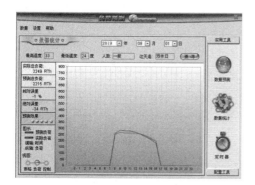

图 3-42 2019 年 8 月 1 日

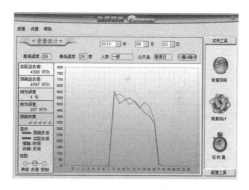

图 3-43 2019 年 8 月 2 日

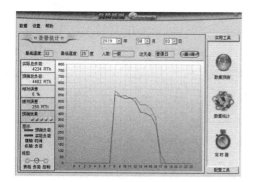

图 3-44 2019 年 8 月 3 日

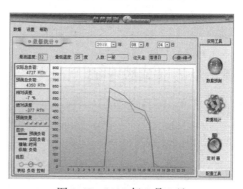

图 3-45 2019 年 8 月 4 日

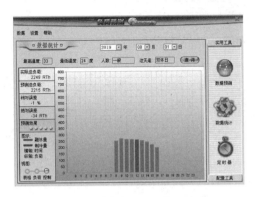

图 3-46　2019 年 8 月 1 日运行策略

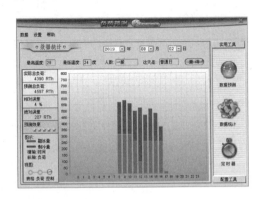

图 3-47　2019 年 8 月 2 日运行策略

3.4　蓄能自控系统设计

3.4.1　自控目的

自控系统通过对制冷主机、电锅炉、蓄能装置、板式换热器、水泵、冷却塔、系统管路调节阀进行控制，调整蓄能系统各应用工况的运行模式，使系统在任何负荷情况下能达到设计参数并以最可靠的工况运行，保证空调的使用效果。同时在满足末端空调系统要求的前提下，整个系统达到最经济的运行状态，即系统的运行费用最低，提高系统的自动化水平，提高系统的管理效率和降低管理劳动强度。

3.4.2　主要受控设备（表 3-2）

蓄能系统主要受控设备表　　　　　　　　　　表 3-2

受控对象	数量	受控对象	数量
制冷主机	n	水泵	n
电锅炉	n	附属设备	n
蓄能设备	n	动力柜	n
冷却塔	n	电动阀	n
板式换热器	n	传感器	n

3.4.3　蓄能系统不同工况系统控制策略说明

3.4.3.1　根据工程的运行策略，系统主要的运行模式有五种：

冷源/热源夜间单蓄能模式；

冷源/热源白天单供冷/供热模式；

蓄能装置单放能模式；

冷源/热源与蓄能装置联合供冷/供热模式；

冷源/热源夜间蓄能兼供冷/供热模式。

3.4.3.2 不同运行工况下系统的控制策略

1）冷源/热源夜间单蓄能模式

在蓄能系统中，电动阀门调整到相应的开关状态，冷源/热源直接供冷/供热环路上的阀门全部处于关闭状态，将冷源/热源与蓄能装置之间隔离成一个蓄能循环。夜间蓄能工况下，冷源/热源的出水温度切换到蓄能设定温度，在此工况下，冷源/热源的效率将略有降低，但是与节省的运行电费相比可以忽略。蓄能结束有如下两个判断依据，其中一个条件满足时，系统即判断蓄能结束，蓄能工况结束：控制系统的时间程序指示为非蓄能时间；蓄能装置的出水温度达到设计蓄能结束温度（可调）。

2）冷源/热源白天单供冷/供热模式

在此工况下，蓄能水泵都停止工作，末端负荷完全由冷源/热源和末端循环水泵运行来满足，冷源/热源开启的台数由末端的负荷情况来决定，目标参数为回水温度设定值，在此模式下调整冷源/热源的运行负荷以及水泵的频率和电动阀的开启度来达到节能运行。

3）蓄能装置单放能模式

在此工况下，冷源/热源都停止运行，仅开启放能水泵和末端循环水泵，建筑所需负荷完全由蓄能装置提供，在此模式下通过调整水泵的频率和电动阀的开启度来达到节能运行。

4）冷源/热源与蓄能装置联合供冷/供热模式

在此工况下，末端负荷由冷源/热源与蓄能装置共同满足，冷源/热源开启的台数根据负荷情况来定，开启的冷源/热源设备满负荷运行，不足负荷由蓄能装置提供，在运行中蓄能装置和板式换热器的电动阀根据蓄能装置提供负荷量和末端负荷的变化调节，放能水泵根据供回水压差变频调速运行，保证板换二次侧的出水温度达到设计值。

5）冷源/热源夜间蓄能兼供冷/供热模式

夜间蓄能时段，建筑仅有值班负荷，负荷很小，单独设置一套冷源/热源不经济时，蓄能时段系统在冷源/热源蓄能兼供冷源/供热模式下运行，此工况下冷源/热源在满足建筑负荷的前提下，剩余的冷量/热量储存在蓄能装置中，蓄能结束有如下两个判断依据，其中一个条件满足时，系统即判断蓄能结束，蓄能工况结束：控制系统的时间程序指示为非蓄能时间；蓄能装置的出水温度达到设计蓄能结束温度（可调）。

3.4.4 蓄能控制系统其他控制功能说明

3.4.4.1 系统的启停顺序控制

系统的启停顺序除考虑设备的保护外，还应充分利用冷源/热源停机后管道系统中的冷量/热量。

冷源开启顺序：阀门调到相应的工况状态——冷却水泵——冷却塔——冷冻水泵——乙二醇泵——主机。

冷源停机顺序：主机——冷却塔——冷却水泵——冷冻水泵——乙二醇泵——阀门调到相应的工况状态。

热源开启顺序：阀门调到相应的工况状态——蓄热水泵——放热水泵——热水循环水泵——热源。

热源停机顺序：热源——蓄热水泵——放热水泵——热水循环水泵——阀门调到相应的工况状态。

3.4.4.2 负荷预测及优化控制功能

控制系统可以根据安装于上位机操作站内的负荷预测软件对第二天的逐时负荷进行预测（需要数天的原始数据支持），再由优化控制软件确定第二天系统每个时段的运行模式，控制系统具备根据时间和需要对各运行模式进行自动转换的功能；另外，如果预测负荷与实际负荷之间存在差异，控制系统可以自动调整运行方式并进行纠偏，是最先进的蓄能空调系统运行模式。

3.4.4.3 设备运行时间均等控制

控制系统通过时间继电器进行程序控制以记录主要设备的运行时间，并对各台同类设备的不同运行时间进行排序，在主要设备进行运行台数调整的时候，根据此顺序决定主要设备的投入与切出。此控制程序已经在国内很多蓄能空调系统中得到了检验，实际控制效果非常理想。

3.4.4.4 系统运行历史数据归档及追溯管理

控制系统对一些需要的监测点进行整年趋势记录，控制系统可将整年的负荷情况（包括每天的最大负荷和全日总负荷）和设备运转时间以表格和图表记录下来，让使用者掌握所有监测点和计算数据且能自动定时打印。

3.4.4.5 全自动运行

系统可脱离上位机工作，根据时间表自动进行蓄能和控制系统运行、工况转换，对系统故障进行自动诊断，并向远方报警。触摸屏显示系统运行状态、流程、各节点参数、运行记录、报警记录等。

3.4.4.6 节假日设定

空调系统根据时间表自动运行；同时可预先设置节假日，使系统在节假日对不需要供应空调的系统停止供冷，控制储冷量和储冷时间。

3.4.4.7 系统主要监控功能

控制系统按编排的时间顺序，结合负荷预测软件，控制制冷主机、电锅炉及外围设备的启停数量及监视各设备之工作状况与运行参数，如：

控制制冷主机的启停和工况转换，显示制冷主机运行参数和运行状态，制冷主机水位和压力保护，制冷主机出现故障时发出报警信号，记录制冷主机的运行时间。

控制电锅炉的启停和工况转换，显示电锅炉运行参数和运行状态，电锅炉水位和压力保护，电锅炉出现故障时发出报警信号，记录电锅炉的运行时间。

控制水泵的启停，控制水泵的运转频率，显示水泵运行参数和运行状态，水泵出现故障时发出报警信号，记录水泵的运行时间。

控制冷却塔风机的启停，显示冷却塔运行参数和运行状态，冷却塔风机出现故障时发出报警信号，记录各台风机的运行时间。

显示电动阀的开启状态和运行状态，电动阀出现故障时发出报警信号，电动阀具有手自动转换功能。

显示蓄能设备的供回水压力和温度，显示蓄能系统的流量，显示蓄能设备的存储能量值。

显示板式换热器的开启状态和运行状态，显示其供回水压力和温度。

显示末端供回水的压力和温度，显示供回水压差并可调整其设定值，显示末端流量。

显示室外温度和湿度，并根据其变化自动优化运行策略。

主要备用设备（主机、电锅炉、水泵）选择，系统运行参数设置。

触摸屏控制时间表选择、设置，上位机控制时间表选择、控制。

运行数据存储、运行电费统计。

3.5　蓄能自控系统操作

3.5.1　准备工作

检查水泵等设备前后的手动阀门是否打开。

检查冷源/热源设备前后的手动阀门是否打开。

检查蓄能装置前后的手动阀门是否打开。

检查板换前后的手动阀门是否打开。

检查电动阀是否已调到自动状态。

检查各设备压力表的阀门是否打开。

检查各排气阀的阀门是否打开。

检查系统压力是否正常。

检查蓄能装置的水位是否正常。

检查定压系统是否正常。

检查动力柜内的空气开关是否合上。

检查变频器是否正常。

检查动力柜内的供电电源是否正常。

检查控制柜内的供电电源是否正常。

检查操作面板是否正常。

检查外部动力设备是否正常。如水泵电流是否超出铭牌上额定电流，主机电流是否异常。

检查所有控制柜电源电压是否正常，各转换开关是否处于"自动"状态。电动阀开关是否正常，电动阀是否在"AUTO"位置。

检查各设备是否正常运行，检查电流电压情况。

系统在正常工作时，不应切断系统柜电源，否则会造成系统紊乱。

检查冷却塔内的水位是否已至正常水位，检查冷却塔的补水是否正常。

3.5.2 运行检查

系统在运行时应经常检查各设备的运转情况，如电压、电流、液位、压力、温度等参数是否正常，发现异常，可能引起事故的，应马上终止系统运行。

当某设备发生故障后，应马上分析故障的原因，在找到事故原因之前，不能再次启动系统；故障解除后，确认不会由于再次启动系统而发生同样的故障，才能重新启动。

定期排污，水系统需定期打开一次排污阀，进行必要的排污。

每个月一次对二次线路进行紧固，对接触器上的螺钉进行紧固，动力柜及控制柜也需要经常检查及紧固螺钉。紧固螺钉前需断电。

3.5.3 触摸屏操作

3.5.3.1 手动操作

当自控系统完全瘫痪不能正常运行，调试人员又不能马上赶到现场，而系统必须运行时，为临时应急，可人工进行手动操作，此时系统控制柜的电源应关闭。

注意：手动操作前必须结合系统流程图，在十分清楚整个系统流程的前提下手动开关电动阀、水泵、冷源/热源设备。

所有水泵设备手动运行操作均可在相应的动力柜面板上进行：将相应的转换开关旋至"手动"位置，然后按"启动"即可启动水泵，按"停止"即可停止水泵。正常情况下转换开关应置于"自动"位置，此时"启动"和"停止"按钮无效。

电动阀的手动操作：自带手轮，手动开、关阀门只需直接旋转手轮，顺时针为关，逆时针为开。

3.5.3.2 触摸屏操作

1）清洁屏幕

使用湿布对操作单元定期进行清洁，但不要在设备打开电源时清洁。这样保证当无意接触到操作单元时，功能不被触发。只能使用水和冲洗液或屏幕清洁剂来打湿擦布，不能将清洁剂直接喷射到屏幕上。

2）操作方式

在触摸屏上可完成对系统的设置，又可实现对系统的自动管理、监视。操作前准备：在使用触摸屏操作前，合上所有设备电源，并确认各设备均处于自动状态和设备正常，确认现场的安全性。

触摸屏是操作员控制 PLC 工作的一种人机交互界面。触摸屏的操作权限优先，级别最高，即无论在何种情况下对触摸屏进行操作，PLC 可编程控制器均能接受触摸屏送来的指令。

当触摸屏启动完毕后会显示初始画面，如图 3-48 所示。

图 3-48　触摸屏初始画面

在初始画面中，有"冰空调系统""热空调系统""MP277 设置"和"口令处理"等键可供选择。"冰蓄冷空调系统"为夏季供冷空调使用；"热空调系统"为冬天采暖空调使用；"MP277 设置"可设定触摸屏的日期和时间、亮度、声音大小等；"口令处理"可修改进入系统的密码，方法是在编辑栏输入新口令。

注：为防止非操作人员擅自修改参数，上位机和触摸屏设置登录名和密码，若需要在上位机和触摸屏上修改参数需先登录然后才能修改参数。

3）以冰蓄冷空调为例介绍系统各功能

在初始画面中，按"冷空调系统"，进入冷空调系统工作画面，如图 3-49 所示。

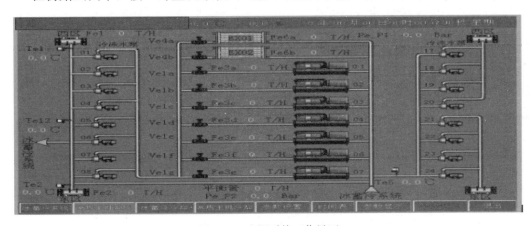

图 3-49　空调系统工作界面

进入冷系统运行状态图可监视电动阀、温度、压力、水泵，主机和执行器件状态与相关参数，整套操作系统为中文界面。屏幕下行的按键为可操作元件，有"系统监控""参数设置""时间表""参数显示""故障信息"等键可供选择。

（1）常规主机系统

该键按下是常规主机冷冻水系统的流程图，可以监控冷冻泵和常规主机冷冻水系统的电动阀、水泵、主机的运行状态（开启时设备显示绿色，停止时显示黑色，设备故障时触摸屏上跳出报警信息，上位机上设备显示红色）和各个温度监控点的实际温度。

（2）冰蓄冷系统

该键按下是蓄冰系统和一次冷冻泵系统的流程图，可以监控乙二醇和一次冷冻水系统的电动阀、水泵、主机的运行状态（开启时设备显示绿色，停止时显示黑色，设备故障时触摸屏上跳出报警信息，上位机上设备显示红色）和各个温度监控点的实际温度（图 3-50）。

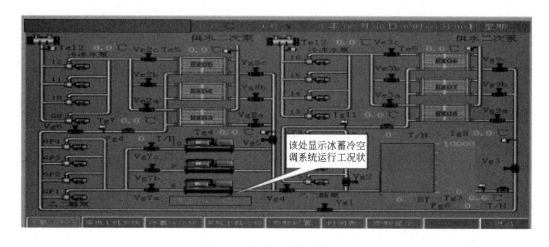

图 3-50　冰蓄冷系统工作界面

（3）冰蓄冷冷却

该键按下是双工况主机及相关的冷却水泵还有全部冷却塔的系统流程图，可以监控冷却水系统的电动阀、水泵、主机及全部冷却塔的运行状态（开启时设备显示绿色，停止时显示黑色，设备故障时触摸屏上跳出报警信息，上位机上设备显示红色，显示绿色为水泵在自动状态）和各个温度监控点的实际温度（图 3-51）。

（4）常规主机冷却

该键按下是常规主机及相关的冷却水泵、冷却塔的系统流程图，可以监控冷却水系统的电动阀、水泵、主机及冷却塔的运行状态（开启时设备显示绿色，停止时显示黑色，设备故障时触摸屏上跳出报警信息，上位机上设备显示红色，显示绿色为水泵在自动状态）和各个温度监控点的实际温度（图 3-52）。

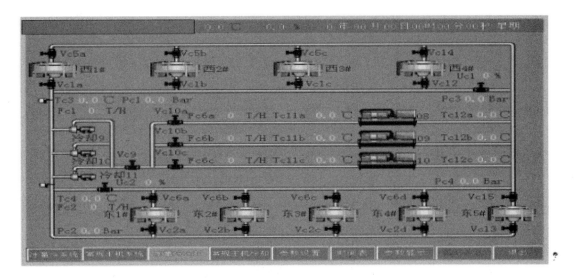

图 3-51　冰蓄冷冷却系统工作界面

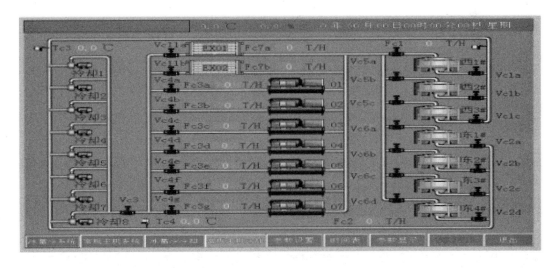

图 3-52　常规冷却系统工作界面

（5）"参数设置"

点击"参数设置"键，进入参数设置画面（图 3-53），在该画面中设置整个冰蓄冷系统的参数，冷系统才能正常运行。当冷系统需要运行时，此时操作人员必须在参数设置即图 3-53 中进行有关的必要的设置。

用户必须选择蓄冰系统是否运行。注意：若选择切出则系统自动停机，该处设定是在供冷期开始时选择投入，在供冷期结束时选择切出。一般正常运行时不能通过该处停机。

用户可以选择系统控制方式（共两种：A、B），一般由用户自己选择确定，系统自己默认"半自动控制"。当用户选择 A—半自动方式时，每次均由操作人员选择

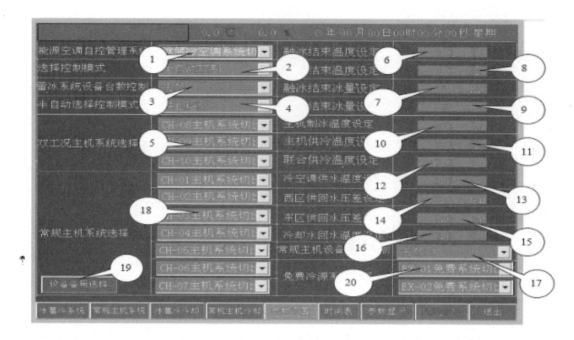

图 3-53　参数设置工作界面

工况启动或停止系统运行；选择 B—全自动控制时，系统按预先设定好的参数（时间、工况）自动运行，无须人工干预。上位机控制即在电脑上实现和触摸屏上一样的功能。

蓄冰系统台数控制，用户可根据实际情况选择该功能是生效还是失效。如果是失效则用户可以自由选择要运行的主机系统，但是需要注意在失效模式下，系统需要至少有一个主机系统是在运行状态。如果台数控制生效则系统自动启动全部的主机系统，在运行的过程当中设备自动根据实际情况加载或者减载。

选择运行冰蓄冷系统中的工况或停止运行，即可启动或停止冰蓄冷空调系统。用户选择半自动控制方式时可以在此处控制冰蓄冷系统的各个工况的切换。工况运行时可以在四个工况中自由切换，此时如果选择了停止运行模式，则需要等设备完全复位后才能再次选择其他的工况运行。

双工况主机系统选择，用户可根据图 3-53 中第 3 点是失效时选择主机系统运行情况。此时如果选择了主机系统切出则需要等设备完全复位后才能再次选择主机系统投入运行。

融冰结束温度设定，系统根据该温度设定值判定蓄冰槽是否融冰结束，通常该值设定为 8℃（可调）。

融冰结束的冰量一般为 100RTH。

当融冰工况及联合供冷工况运行时，系统自动采集实际值和上面两个设定值比较，如果实际值同时小于上面两个设定值则系统自动延时切换到主机供冷工况。

制冰结束温度设定，用于判定夜间蓄冰槽制冰是否应该结束，一般设为蓄冰槽出口－5℃（盘管材质不同，数值不同，可调）。

蓄冰结束的冰量可根据系统实际运行情况做适当调整。制冰工况运行时，系统自动采集实际值和上面两个设定值进行比较，如果冰槽出口温度实际值有一个大于上面两个设定值则系统自动延时切换到停机工况。

冷却水回水温度设定：该处设定值和需要开启的冷却塔的回水温度比较，当回水温度大于设定值 2℃时则冷却塔风机开启高速，当回水温度大于设定值 0.5℃时则冷却塔风机停机。夏季模式时设定温度默认为 26℃（可调），冬季需要开启冷却塔风机时则该值需要调整到 5℃，风机的加减载同上面。

常规主机系统台数控制，用户可根据实际情况选择该功能是生效还是失效。如果是失效则用户可以自由选择要运行的常规主机系统；如果台数控制生效则系统自动通过常规主机定时启动常规主机系统，在运行的过程当中设备自动根据实际情况加载或者减载。（加减载控制方式如下：当供水温度大于设定值 1℃时持续 n 分钟加载一台，当供水温度小于设定值或者回水温度和设定值的差值小于 2℃时持续 n 分钟则减载。）

常规主机系统选择，系统失效状态下可自由选择主机系统运行情况。此时如果选择了主机系统切出则需要等在 n 分钟后设备完全复位后才能再次选择主机系统投入运行。

设备备用选择：当该键按下时进入设备备用选择界面，系统所有水泵的备用选择在该界面设置，若水泵故障则自动转为备用或通过选择备用轮换使用水泵。在该界面中用户还可以通过设置主机系统备用，从而使 n 台主机只能启动（$n-1$）台。

免费冷源系统选择：用户在常规主机系统没有运行时，在过渡季节或者是冬季将低温冷却水作为免费冷源供冷。此系统和常规主机系统互锁，开启一个系统则另外一个系统不能使用。

（6）"时间表"

在"时间表控制"运行时用户必须明白如何设置。系统分为制冷时间段和供冷时间段：制冷时间段的设置见图 3-54 和图 3-55。用户必须先在周运行时间内设置好，才能在日运行时间内设置，如果在周运行时间内没有设置，日运行时间设置无效。例如：系统需要在周时间设置供冷的起止时间点，如 7：05～22：50 是供冷时间段，则在日时间内设置供冷必须在这个时间段内，设定好后再选择后面的运行工况，然后选择"投入/切除"，投入后系统自动运行。设置蓄冰时也一样，必须先在周运行时间表内设置好蓄冰时间段，才能在日运行时间内设置当天的运行情况。

用户可以在工况选择这一栏中选择在不同的时间里运行不同的工况，可以由用户修改系统的运行参数，使系统运行达到最佳的效果。这些操作在系统停电后，必须重新设定。

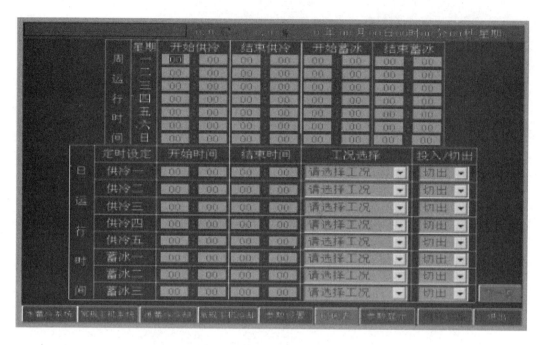

图 3-54　冰蓄冷系统时间表设置界面

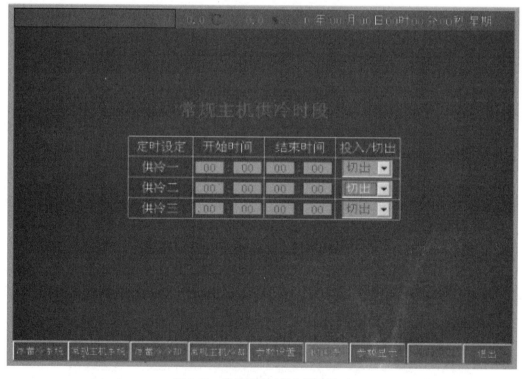

图 3-55　常规系统时间表设置界面

（7）参数显示

点击"参数显示"按键，系统操作员可观察各参数的当前值（图 3-56、图 3-57）

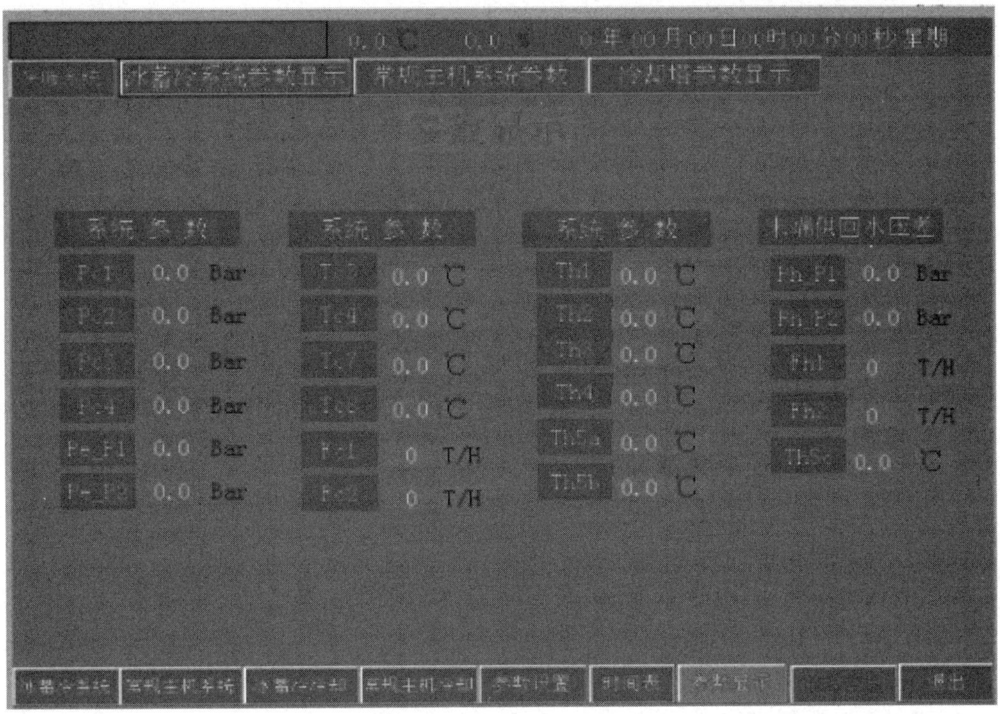

图 3-56 参数显示界面 1

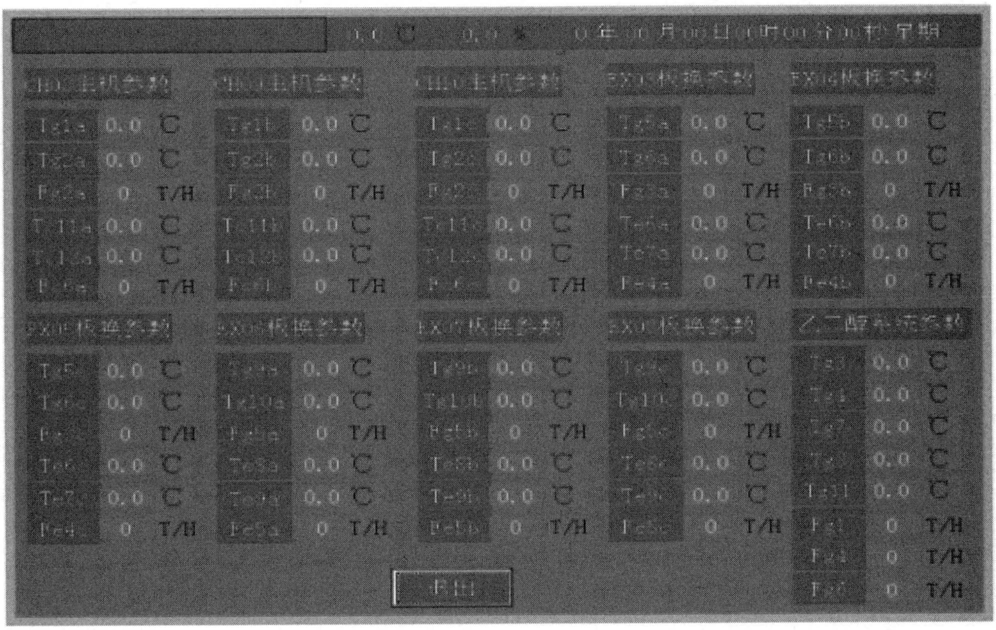

图 3-57 参数显示界面 2

3.5.4 上位机操作

上位机操作与在触摸屏上操作基本一致，因为上位机主要功能是对系统进行数据采集、保存和报表等，建议尽量不采用上位机操作，并且上位机必须24h运行，系统监视画面也必须24h打开。

注意：为保证系统所有数据的正常记录，切记不能在上位机上玩外带游戏，而且不能安装其他软件，防止将计算机病毒带进上位机。上位机显示界面如图3-58～图3-62。

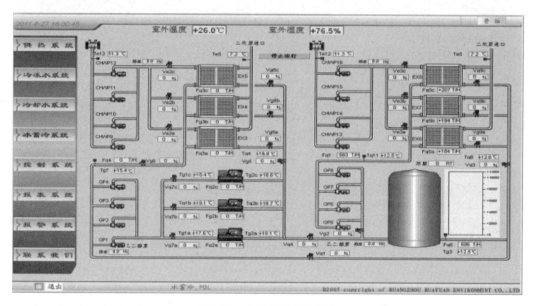

图 3-58　上位机显示界面1

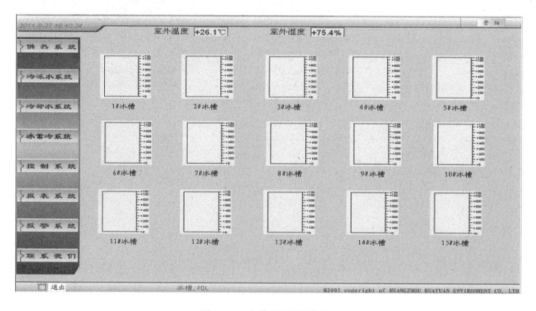

图 3-59　上位机显示界面2

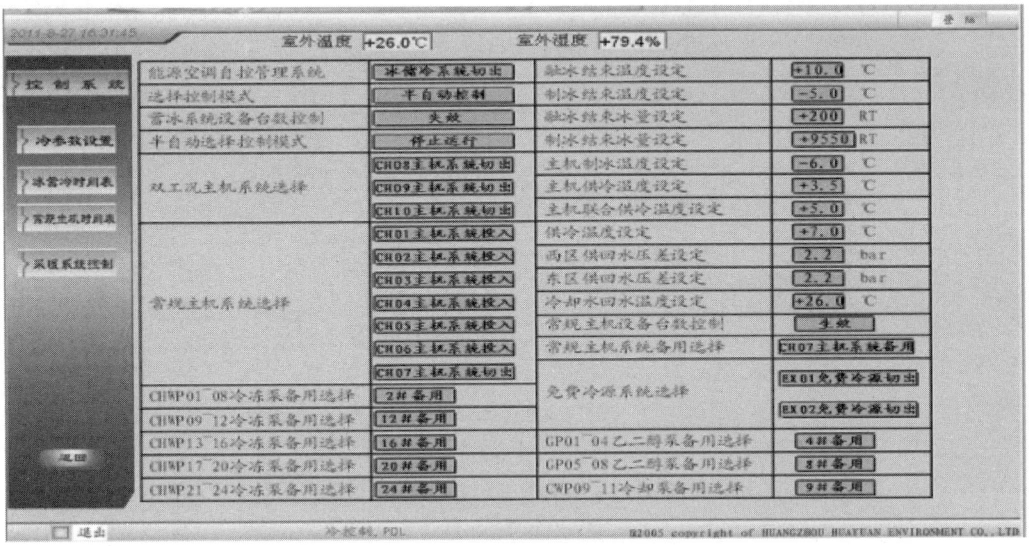

2011-8-27 16:31:45　　室外温度 +26.0℃　　室外湿度 +79.4%

控制系统			
冷参数设置			
冰蓄冷时间表			
常规主机时间表			
采暖系统控制			

能源空调自控管理系统	冰蓄冷系统切出	融水结束温度设定	+10.0 ℃
选择控制模式	半自动控制	制冰结束温度设定	-5.0 ℃
蓄冰系统设备台数控制	失效	融水结束冰量设定	+200 RT
半自动选择控制模式	停止运行	制冰结束冰量设定	+9550 RT
双工况主机系统选择	CH08主机系统切出	主机制冰温度设定	-6.0 ℃
	CH09主机系统切出	主机供冷温度设定	+3.5 ℃
	CH10主机系统切出	主机联合供冷温度设定	+5.0 ℃
常规主机系统选择	CH01主机系统投入	供冷温度设定	+7.0 ℃
	CH02主机系统投入	西区供回水压差设定	2.2 bar
	CH03主机系统投入	东区供回水压差设定	2.2 bar
	CH04主机系统投入	冷却水回水温度设定	+26.0 ℃
	CH05主机系统投入	常规主机设备台数控制	失效
	CH06主机系统投入	常规主机系统备用选择	CH07主机系统备用
	CH07主机系统切出		
CHWP01~08冷冻泵备用选择	2#备用	免费冷源系统选择	EX01免费冷源切出
CHWP09~12冷冻泵备用选择	12#备用		EX02免费冷源切出
CHWP13~16冷冻泵备用选择	16#备用	GP01~04乙二醇泵备用选择	4#备用
CHWP17~20冷冻泵备用选择	20#备用	GP05~08乙二醇泵备用选择	8#备用
CHWP21~24冷冻泵备用选择	24#备用	CWP09~11冷却泵备用选择	9#备用

退出　　冷控制.PDL　　©2005 copyright of HANGZHOU HUAYUAN ENVIRONMENT CO., LTD

图 3-60　上位机显示界面 3

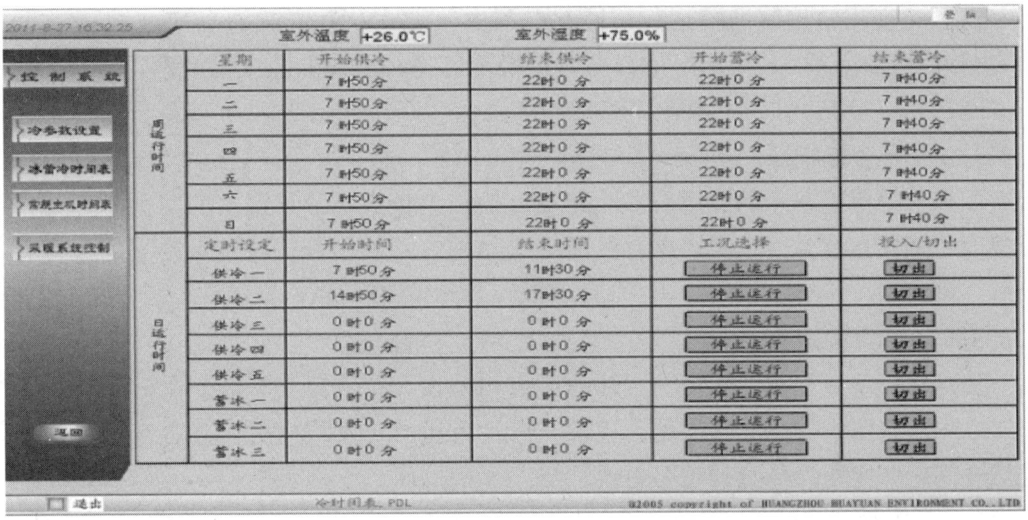

2011-8-27 16:32:25　　室外温度 +26.0℃　　室外湿度 +75.0%

星期	开始供冷	结束供冷	开始蓄冷	结束蓄冷
一	7时50分	22时0分	22时0分	7时40分
二	7时50分	22时0分	22时0分	7时40分
三	7时50分	22时0分	22时0分	7时40分
四	7时50分	22时0分	22时0分	7时40分
五	7时50分	22时0分	22时0分	7时40分
六	7时50分	22时0分	22时0分	7时40分
日	7时50分	22时0分	22时0分	7时40分

定时设定	开始时间	结束时间	工况选择	投入/切出
供冷一	7时50分	11时30分	停止运行	切出
供冷二	14时50分	17时30分	停止运行	切出
供冷三	0时0分	0时0分	停止运行	切出
供冷四	0时0分	0时0分	停止运行	切出
供冷五	0时0分	0时0分	停止运行	切出
蓄冰一	0时0分	0时0分	停止运行	切出
蓄冰二	0时0分	0时0分	停止运行	切出
蓄冰三	0时0分	0时0分	停止运行	切出

退出　　冷时间表.PDL　　©2005 copyright of HANGZHOU HUAYUAN ENVIRONMENT CO., LTD

图 3-61　上位机显示界面 4

3.5.5　系统故障及排除

3.5.5.1　触摸屏

黑屏：把触摸屏后的电源线取下，量电压是否为 24V DC，重新通电，让触摸屏再启动。

参数变"＃＃＃"：检查通信线是否松动。

死机：请断开触摸屏电源，然后重新插上，此时触摸屏会重新启动，如果重新启动后还不能重新运行，请联系相关人员。

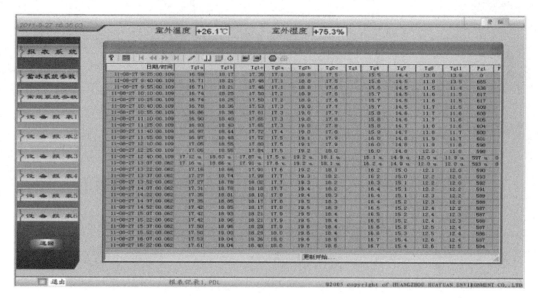

图 3-62　上位机显示界面 5

3.5.5.2　PLC

PLC 不能正常控制系统运行，检查电源电压 220V AC，检查输出电源 24V DC；检查 CPU 模块上的 SF 指示灯是否亮，若指示灯亮，通知专业人员处理；复位 CPU，将 CPU 调到"STOP"，再调到"RUN"。

3.5.5.3　温度传感器

如果触摸屏上显示的温度与实际的温度值相差很大，或者温度波动很大，可先检查温度传感器接线是否正常，再看温度传感器内电路板是否被凝结水浸泡到，若有凝结水，可将温度传感器风干后再看是否恢复，若仍然有问题，则温度传感器需要更换。

3.5.5.4　压力传感器

如果触摸屏上显示的压力与实际的压力相差很大，或者实际值变化时显示值无变化，可先检查压力传感器接线是否正常，再检查压力传感器内是否有脏东西堵塞，若仍然有问题，则压力传感器需要更换。

3.5.5.5　上位机

当工控机处理经 PLC 传送的现场信号过多时，工控机的 CPU 频率较低，内存又较小，无法同时识别、处理信号、信号"撞车"，就会造成工控机"死机"。

对策：主要解决途径是降低工控机处理识别现场信号的频率，避免信号"撞车"。具体方案为：工控机通过 PLC 连接现场信号时，设定信号采样周期为 2s 以上，对变化不大的模拟量信号如温度等可设定 10s 以上。在 WinCC 编程过程中，将所有的模拟量信号采样周期设定 2s 以上后，工控机"死机"现象很少发生。

3.5.5.6　触摸屏与 PLC 通信不上

1）原因分析

PLC 参数和工程里的参数不一致；通信线没有按照接线图的引脚接线；工程里设

置的 COM 口在屏上接线不正确；PLC 程序或 PLC 地址不正确。

2）解决方法

（1）用 PLC 的编程软件接上 PLC 测试 PLC 的参数是多少，工程里设置的参数是否和测试出来的一致；用 PLC 本身通信线和电脑连接，在线模拟看工程是否可以通信，可以用数值输入部件或是开关对其操作，看看关掉模拟器再开在线模拟后之前的操作是否还在，是否直接提示 NC（NC 和之前操作没有写下去即为没有通信）。

（2）用万用表按照接线图的引脚定义测试接线，查看触摸屏的参数设置，确认 PLC 连接触摸屏的是 COM1 口还是 COM2 口；确定设备类型及协议；确定 PLC 与触摸屏的连线是 RS485 还是 RS232C；接口参数跟 PLC 站号一定要跟 PLC 里面的设置一致；参数设置好后，接下来排查线路的问题，确认 RS485、RS232C 的接线是否正确，触摸屏与各种 PLC 接线的做法不一样，参照 PLC 与触摸屏通信接法图纸查看，排查通信问题。

（3）在线模拟绕开触摸屏，直接用 PLC 跟电脑进行连接，新建一个简单的工程，放两个元器件，一个数值显示，一个数值输入，地址设置 PLC 里面的地址，工程参数设置跟 PLC 里面的设置一样，点击在线模拟功能，能通信上，排除 PLC 与参数设置的问题。

4 蓄能空调技术的应用实例

随着经济发展和人民生活水平的提高，用电峰谷差将会进一步增大，成为电网安全经济运行的主要矛盾。商场、办公楼、宾馆、娱乐场所、机关学校及企事业单位的空调容量所占的比重越来越大，怎样使这些设备避开高峰期，并转移到低谷电时段用电，对实现电力削峰填谷至关重要。

削峰填谷一般采用三种手段，即行政手段、经济手段、技术手段。作为经济手段之一，峰谷电价政策的出台，使得电蓄能空调技术成为电网调荷的一项重要的行之有效的措施。

下面从冰蓄冷空调技术应用实例、水蓄冷空调技术应用实例、电阻式锅炉水蓄热技术应用实例、电极式锅炉水蓄热技术应用实例分析电蓄能空调技术对电网削峰填谷的作用和效果，并分析计算用户的经济效益。

4.1 冰蓄冷空调技术应用实例

4.1.1 项目概况

4.1.1.1 工程概况

某项目总建筑面积约 $160000m^2$，分为商务公寓、商务办公、商场三个版块。商务公寓（1#、2#、3#楼）总建筑面积 $59247.44m^2$，地上面积 $54872.1m^2$，地下面积 $4375.34m^2$，空调面积 $41154.075m^2$；商务办公总建筑面积 $33968.86m^2$，地上面积 $32642.96m^2$，地下 $1325.9m^2$，空调面积 $32642.96m^2$；商场总建筑面积 $66783.7m^2$，地上面积 $44522.47m^2$，地下面积 $22261.23m^2$，空调面积 $44522.47m^2$。

商务公寓空调冷负荷指标为 $65W/m^2$，空调设计冷负荷为 $2675kW$；商务办公空调冷负荷指标为 $104W/m^2$，空调设计冷负荷为 $3395kW$；商场空调冷负荷指标为 $110W/m^2$，空调设计冷负荷为 $4900kW$。

4.1.1.2 设计依据

国家及地方现行的有关规范、规定和标准：

《民用建筑设计统一标准》GB 50352—2019

《公共建筑节能设计标准》GB 50189—2015

《民用建筑供暖通风与空气调节设计规范》GB 50736—2012

《民用建筑热工设计规范》GB 50176—2016

《冷暖通风设备包装 通用技术条件》JB/T 9065—1999

《全国民用建筑工程设计技术措施 暖通空调·动力》（2009 年版）

《暖通动力施工安装图集》10K509，10R504

《通风与空调工程施工质量验收规范》GB 50243—2016

建设单位提供的使用功能要求及有关文件。

项目所在地的相关法律法规。

4.1.1.3 电价政策

依据项目的建筑规模、使用功能和空调负荷情况等分析其用电情况应该是属于高需求商业服务业用电类型，峰谷电价政策见表 4-1。

一般工商业峰谷电价政策 表 4-1

分　　类	时　　段	蓄冰空调电价/(元/kWh)
尖峰时段	10:30～11:30	1.1055
	19:00～21:00	
高峰时段	8:30～10:30	0.9789
	16:00～19:00	
平时段	7:00～8:30	0.6623
	11:30～16:00	
	21:00～23:00	
谷时段	23:00～7:00	0.3457

4.1.1.4 典型设计日逐时负荷情况

建筑物的负荷是指为使室内温湿度维持在规定水平上而须从室内排出的热量，是一个随时间变化的非稳态的变量。冰蓄冷空调系统的设备及蓄冰方式的选择是以夏季空调设计日（最不利情况）的逐时负荷分布为依据的。项目在夏季空调设计日 100% 负荷状态下的 24h 逐时冷负荷情况，如图 4-1。

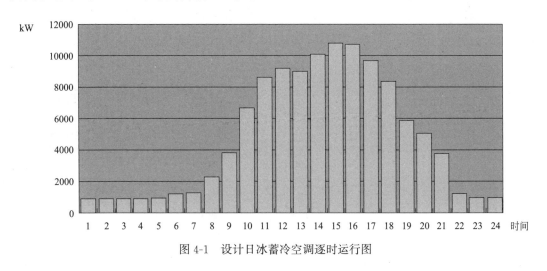

图 4-1　设计日冰蓄冷空调逐时运行图

从逐时冷负荷分布图可以看出，本项目的冷负荷主要分布在 8：00～21：00 时段，涵盖了项目所在地的电价平、峰时段，非常适合采用蓄冰空调系统。

4.1.2 蓄冰设备形式确定

本项目选用导热复合材料盘管，该盘管具有下列优点：

（1）材料创新

自行研发的聚合物基纳米导热复合材料（图 4-2）——国家发明专利 ZL02 1 12481.7，比普通塑料导热系数高 8～10 倍，具有良好的耐腐蚀、耐老化和力学性能。

图 4-2 聚合物基纳米导热复合管材

集换热与蓄能于一身，采用纳米导热复合材料作为换热器主体，既克服了金属换热器易腐蚀的缺点，又克服了普通塑料管导热性能差的缺点。

通过优化设计，在结冰和融冰过程中，接近金属盘管的换热性能。

（2）结构创新

实用新型专利 ZL02 2 65320.1 蓄冰盘管优化组合，采用同程连接，流量分配均匀；主集管位于蓄冰盘管的顶部，支管与集管热熔焊接，所有焊口都位于盘管上部，便于检查和维护，结构形式如图 4-3 所示。

图 4-3 导热复合蓄冰盘管结构图

（3）系统应用优势

可完美实现各种蓄冰系统应用。内融冰盘管采用不完全冻结方式，可提供始终稳定的 3～4℃的低温载冷剂或冷冻水，外融冰盘管能提供稳定的低于 1℃的冷冻水，适用于大温差低温送风空调系统和大型区域供冷工程。

（4）蓄冰效率高

冷量换热公式：$q＝K×F×\Delta t$（式中 K 为导热系数，W/(m·K)；F 为换热面

积，m^2；Δt 为温度差，K）

主要影响因素：材料的导热系数、流体特性、流速、换热面积和温度差。

复合塑料蓄冰盘管材料的导热系数是塑料盘管的 2～3 倍，接近冰的导热系数，换热面积是金属盘管的 1.5 倍，蓄冰时制冰效率高。

（5）更可靠、寿命更长

聚合物基纳米高分子复合材料强度高、韧性好，无须担心结冰过量，换热管内、外表面不结垢，阻力、热传导性能始终如初，无腐蚀问题，设备使用更可靠、寿命更长。

（6）形式多样、安装空间要求低

产品形式丰富多样，有方形、螺旋形等形式，可以根据安装空间的尺寸和形状来设计合理的产品样式，无特殊安装空间要求。

（7）易于安装

标准蓄冰槽由模块化蓄冰盘管组合而成，在工厂编织组装后置入槽体，运至现场后直接连接上管线即可使用，减少现场施工时间和费用，也可解体后现场组装。

4.1.3 运行形式确定

1）全量储冰模式

主机在电力低谷期全负荷运行，制得系统全天所需要的全部冷量。在白天电力高峰期，所有主机停运，所需冷负荷全部由融冰来满足。

优点：（1）最大限度地转移了电力高峰期的用电量，白天系统的用电容量小。（2）白天全天通过融冰供冷，运行成本低。

缺点：（1）系统的蓄冰容量、制冷主机及相应设备容量较大。（2）系统的占地面积较大。（3）系统的初期投资较高。

2）部分储冰模式

主机在电力低谷期全负荷运行，制得系统全天所需要的部分冷量；主机在设计日以满负荷运行，不足部分由融冰补充。

优点：（1）系统的蓄冰容量、制冷主机及相应设备容量较小。（2）系统的占地面积较小。（3）初期投资最小，回收周期短。

缺点：（1）仅转移了电力高峰期的部分用电量，白天系统还需较大的配电容量。（2）运行费用较全量储冰高。

3）蓄冰模式确定

蓄冰模式的选择直接影响了蓄冰系统设计的成败，一个优良的蓄冰系统既可以保证整个空调系统的安全运行，同时又能为客户节省大笔的初投资及运行费用。因此，推荐部分蓄冰、主机上游的运行模式，该系统有如下几大优势：

（1）系统流程简单，布置紧凑。

（2）双工况冷机效率较高。

（3）乙二醇流量较小、乙二醇出口温度恒定，易实现系统的稳定运行。

（4）自控系统简捷易控制，维护、管理方便。

（5）可以实现大温差低温供水，为区域供冷提供保证，实际应用广泛。

4.1.4 系统设备配置

4.1.4.1 蓄冰设备

根据国内 20 多年的蓄冰工程经验，蓄冰容量占设计日非谷电时段总冷负荷的 30%～35% 时，冰蓄冷系统回报率最高，本项目设计日非谷电时段总冷负荷为 105706kWh，蓄冰量按非谷电时段总冷负荷的 33% 设计，$105706 \times 33\% \approx 34883kWh \approx 9921RTH$。

结合蓄冰设备生产厂家的产品型号，确定本系统配置 12 台 828RTH 的整装式蓄冰设备，总蓄冰量为 $828 \times 12 = 9936RTH$。

1）蓄冰设备布置要点：

（1）蓄冰设备可布置成一组，也可布置成多组，但是组数建议为双数，且每组的蓄冰设备个数相同。

（2）蓄冰设备管路设计必须按同程设计，保证每组蓄冰设备的蓄冰和融冰同步。

（3）蓄冰设备的进出口要设置橡胶软接头。

（4）蓄冰槽的出口回水总管上要设置电动调节阀。

（5）蓄冰槽支管弯管后水平接入总管，主管不能敷设在盘管接管的正上方。

2）蓄冰槽强度计算书，见表 4-2。

钢制蓄冰槽强度计算

表 4-2

箱体尺寸/mm	6300×2800×3400（长×宽×高）		
计算条件			
计算压力 p_c/MPa	0.040	材料名称	Q235B
设计温度 t/℃	－6		
箱侧板短边长度 H/mm	2800	箱体长边长度 h/mm	6300
箱体轴向长度 L_1/mm	6300	箱体短边长度 h/mm	2800
短边初始名义厚度 δ_{n1}/mm	6.0	长边初始名义厚度 δ_{n2}/mm	6.0
钢板负偏差参数 IC_1/mm	0.25	腐蚀裕量 C_2/mm	1.0
短边焊接接头系数	0.85	长边焊接接头系数	0.85
短边焊接头至板中心线距离/mm	1400	长边焊接头至板中心线距离/mm	3150
短边孔径/mm	待定	长边孔径/mm	待定
短边孔中心距/mm	待定	长边孔中心距/mm	待定
外加强件材料名称	20	外加强件规格	见图纸
外加强件型式	型钢	外加强件间距/mm	见图纸
箱板厚度计算及中间参数			
箱体短边材料常温屈服限/MPa	235.0	箱体长边材料常温屈服限/MPa	235.0
箱体短边材料设温屈服限/MPa	235.0	箱体长边材料设温屈服限/MPa	235.0
箱体短边材料设计温度下		短边薄膜应力	
许用应力 $[\sigma]_1^t$/MPa	189.0	许用值 $[\sigma_m]1$/MPa	160.7
箱体长边材料设计温度下许用应力 $[\sigma]_2^t$/MPa	189.0	长边薄膜应力许用值 $[\sigma_m]_2$/MPa	160.7
短边组合应力许用值 $[\sigma_T]_1$/MPa	215.6	长边组合应力许用值 $[\sigma_T]_2$/MPa	215.6
外加强件常温屈服限/MPa	235.0	外加强件材料许用应力/MPa	152.0
外加强件设温屈服限/MPa	235.0	外加强件组合应力许用值/MPa	146.9

短边侧板名义厚度 δ_{n1}/mm	6.0	短边侧板计算厚度 δ_1/mm	6.7
长边侧板名义厚度 δ_{n2}/mm	6.0	长边侧板计算厚度 δ_2/mm	6.7
外加强件横截面/mm²	2001.7	外加强件组合截面长边形心至内壁距离 c_{i2}	114.2
外加强件组合截面短边形心至内壁距离/mm₁	53	长边侧板有效宽度 W_2/mm	3400
短边侧板有效宽度 W_1/mm	45	长边组合截面惯性矩 I_{21}/mm⁴	6.62e+07
短边组合截面惯性矩 I_{11} mm⁴	6.62e+07		
箱体侧板应力计算			
短边侧板薄膜应力/MPa	10.1	长边侧板薄膜应力/MPa	4.48
短边内壁 N 点弯曲应力/MPa	51.9	短边内壁 Q 点弯曲应力/MPa	85.7
长边内壁 M 点弯曲应力/MPa	−85.4	长边内壁 Q 点弯曲应力/MPa	85.7
短边内壁 N 点组合应力/MPa	62	短边内壁 Q 点组合应力/MPa	95.8
长边内壁 M 点组合应力/MPa	−80.9	长边内壁 Q 点组合应力/MPa	90.2
短边外加强件外侧 N 点		短边外加强件外侧 Q 点	
弯曲应力/MPa	−78.4	弯曲应力/MPa	−129
长边外加强件外侧 M 点		长边外加强件外侧 Q 点	
弯曲应力/MPa	129	弯曲应力/MPa	−129
短边外加强件外侧 N 点		短边外加强件外侧 Q 点	
组合应力/MPa	−68.3	组合应力/MPa	−119
长边外加强件外侧 M 点		长边外加强件外侧 Q 点	
组合应力/MPa	133	组合应力/MPa	−125
短边焊接接头组合应力/MPa	111	长边焊接接头组合应力/MPa	105

箱体应力校核结论		
应力类别	各类应力计算值/MPa	应力许用值/MPa
短边薄膜应力 σ_{m1}	10.1	189
长边薄膜应力 σ_{m2}	4.48	189
箱体最大组合应力 σ_T^{max}	95.79	215.6
短边焊接接头组合应力 σ_T^{J1}	110.9	215.6
长边焊接接头组合应力 σ_T^{J2}	105.3	215.6

结论：校核通过

根据上述箱体板强度应力校核计算箱体材料的厚度 $\delta=6$ 及加强钢，结论为合格

4.1.4.2 制冷主机

1）双工况制冷主机

双工况制冷主机与常规制冷主机的差别仅仅在于主机的控制系统稍作调整，以使主机能适应制冰工况。采用的双工况制冷主机能在低温工况下稳定运行，且在制冰期内具有较高的工作效率，具有如下特点：

（1）制冷效率高，运行费用低。

（2）具有特别设计的储冰控制模式，在制冰工况下制冷效率同样出色。

（3）可充分利用较低的冷却水进水，保证过渡季节机组同样制冰。

（4）具有优良的部分负荷性能。

（5）机组由工厂制造、组装，可靠性高，结构紧凑，安装简便。

（6）微电脑控制中心精确控制温度，具有可靠的逻辑控制与故障报警功能，自动化程度高。

本项目谷电时段为 23：00～7：00 的 8h，总蓄冰量为 9936RTH，谷电时段为 8h，

双工况主机每小时提供的蓄冷量最低为：

$$9936 \div 8 = 1242RT$$

制冰工况下，双工况主机的出水温度为$-5.6℃$，此时主机效率为空调工况时效率的65%，因此双工况主机空调工况下，装机容量不得低于：

$$1242 \div 65\% = 1911RT$$

结合主机厂家的产品型号，本项目配置3台空调工况下额定制冷量为650RT，额定功率408kW，制冰工况下额定制冷量为425RT，额定功率为347kW的双工况离心式制冷机组用于夜间制冰与和白天制冷。在空调设计日，开启双工况主机在空调工况下运行，满足部分冷负荷的需要，不足的冷量由融冰补充；夜间23：00~7：00共8h的电力低谷期内3台双工况主机满负荷全力运行，制取的冷量储存在储冰装置中。

2）基载制冷主机

商务公寓为全天24h供冷，谷电时段负荷较小，从节能考虑，系统设置1台螺杆式基载主机。主机空调工况下额定制冷量为1300kW，额定功率219kW，用于夜间谷电时段给商务公寓供冷和白天给系统供冷。

3）制冷主机布置要点

（1）3台双工况制冷主机和基载制冷主机集中布置，主机接口方向一致，主机布置时要考虑操作空间和维修空间。

（2）双工况主机蒸发器与乙二醇泵采用总管连接，蒸发器出口需设电动开关阀。

（3）双工况主机冷凝器与冷却水泵一对一连接。

（4）主机进出口管道要设置单独的支吊架，避免管道运行重量直接作用在设备上。

（5）主机蒸发器、冷凝器进口最低处需设DN25排污阀。

4.1.4.3 冷却塔

为了减少冷却塔运行时的噪声与漂水，同时考虑到当地的干球与湿球温度，达到理想的冷却效果，本项目冷却塔设计选用低噪声、集水型冷却塔。

1）双工况制冷主机冷却塔

查冷水机组的参数表可知，650RT的离心式冷水机组冷凝器的最大水流量为$466m^3/h$，考虑15%的安全系数，配置3台冷却水量$525m^3/h$的冷却塔满足3台双工况冷水机组的冷却要求，每台冷却塔配有3台5.5kW的风机。

2）基载制冷主机冷却塔

查冷水机组的参数表可知，1300RT的离心式冷水机组冷凝器的最大水流量为$265m^3/h$，考虑15%的安全系数，配置1台冷却水量$300m^3/h$的冷却塔满足基载冷水机组的冷却要求，冷却塔配有2台5.5kW的风机。

3）冷却塔布置要点

（1）冷却塔基础高度高出屋面建筑面层1000mm，冷却塔供回水管道基础高出屋面建筑面层500mm。

（2）冷却塔集水盘之间设置平衡管来平衡液位，以避免一边溢流一边补水的状况。

（3）冷却塔回水主管的高度不得超过冷却塔集水盘落水口的高度，避免空气进入管道系统，造成主机缺水停机。

（4）冷却塔供水支管对称设置，保证水流分布均匀。

（5）冷却塔溢流管和排污管设置总集管，接至屋面排水系统。

4.1.4.4　板式换热器

1）板换选型

板式换热器的换热量根据设计日的最大冷负荷减去基载制冷主机的最大供冷能力确定，本项目设计日最大冷负荷为 10774kW，基载制冷主机的最大供冷能力为1300kW，板式换热器的换热量不小于：

$$10774-1300=9474kW$$

板换选型一般考虑 10%～25% 的换热余量，本项目考虑 10% 的换热余量，板式换热器设计总换热量为：

$$9474\times110\%=10422kW$$

板书换热器设计 3 台，每台额定换热量为 3500kW。本系统中板式换热器用于蓄冰系统中将乙二醇溶液和空调水系统隔离开来。板式换热器选用垫片式板式换热器，其乙二醇侧进出口温度 3.5℃/10.5℃，冷冻水侧进出口温度为 12℃/7℃，承压 16bar。

2）板式换热器布置要点

（1）板式换热器布置时要考虑其接管空间和维修空间。

（2）板式换热器的进口管路上设置电动开关阀和 Y 型过滤器。

（3）板式换热器设置于配套水泵前端，降低板式换热器压力。

（4）板换口管道设置单独的支吊架，避免管道运行重量直接作用在设备上。

（5）板换两侧进口最低点应设 DN25 排污阀。

4.1.4.5　水泵

1）乙二醇泵

乙二醇泵配置 4 台（3用1备），其既需要满足主机制冰工况时的流量要求，又需要满足融冰供冷和联合供冷时板式换热器流量的需求。

查冷水机组的参数表可知，650RT 的离心式冷水机组蒸发器的最大水流量为483m³/h，即主机单制冰时，乙二醇泵的最大流量为 362m³/h。

融冰和联合供冷时，板式换热器的最大换热量为 9474kW，换热温差为 7℃，根据公式 $Q=mc\Delta t$ 计算可得乙二醇泵所需总流量为 1163m³/h，单台水泵需要提供的流量为 387m³/h。

从计算可知，双工况主机蒸发器最大流量和板式换热器最大换热量所需流量基本一致，系统设计合理，最终确定乙二醇泵的单台流量为 400m³/h。

乙二醇泵需克服双工况主机的蒸发器压力降、储冰槽压力降、系统阀门与管路的阻力，根据厂家提供的资料，水泵的扬程取 32m。

每台乙二醇泵的参数为：流量 $Q=400$m³/h，扬程 $H=32$m，电功率 $N=55$kW。

水泵变频控制。

2）双工况冷却水泵

查冷水机组的参数表可知，650RT'的离心式冷水机组冷凝器的最大水流量为466m³/h，冷却水泵的扬程，因为开式系统，只需计算静压力（喷嘴到积水盘的静压力），扬程取28m。本系统配置4台冷却水泵（3用1备）参数为：流量$Q=500m^3/h$，扬程$H=28m$，电功率$N=55kW$，满足3台双工况主机的冷却要求，水泵工频控制。

3）基载冷却水泵

查冷水机组的参数表可知，1300kW的离心式冷水机组冷凝器的最大水流量为265m³/h，冷却水泵的扬程，因为开式系统，只需计算静压力（喷嘴到积水盘的静压力），扬程取28m。本系统配置2台冷却水泵（1用1备），参数为：流量$Q=280m^3/h$，扬程$H=28m$，电功率$N=37kW$，满足基载主机的冷却要求，水泵工频控制。

4）双工况冷冻水泵

双工况冷冻水泵配置4台（3用1备），其流量根据板式换热器的换热量确定，总的换热量为10500kW，冷冻水供回水温度为12℃/7℃，根据热量计算公式$Q=mc\Delta t$计算可得，冷冻水总流量为1806m³/h，扬程根据设计院提供的最不利端计算参数取38m，最终确定双工况冷冻水泵的参数为：流量$Q=600m^3/h$，扬程$H=38m$，电功率$N=90kW$，水泵变频控制。

5）基载冷冻水泵

基载冷冻水泵配置2台（1用1备），其流量根据基载制冷主机蒸发器的最大流量225m³/h设计，扬程根据设计院提供的最不利端计算参数取38m，最终确定基载冷冻水泵的参数为：流量$Q=262m^3/h$，扬程$H=38m$，电功率$N=45kW$，水泵变频控制。

6）水泵布置要点

（1）根据制冷主机和板式换热器的布置位置，合理布置各系统水泵的安装位置，原则上是接管距离短，管路布置弯头少，同时考虑水泵的接管空间、维修空间。

（2）水泵进出口设置单独的支吊架，避免管道运行重量直接作用在水泵上。

（3）水泵的进口管道上设置Y型过滤器，出口管道上设置止回阀，进出口均设置橡胶软接头。

（4）乙二醇泵和冷冻水泵采用主集管连接，冷却水泵与制冷机冷凝器采用一对一连接。

（5）水泵进口管的最低端设置DN25的排污阀。

4.1.4.6 定压装置

1）冷冻水定压装置

冷冻水定压装置采用高位水箱，分别设置于商务公寓、商务办公、商场水系统的顶层屋面，高位水箱的有效容积由设计院设计提供，高温水箱要做防腐和绝热处理。

2）乙二醇定压装置

乙二醇定压装置采用落地式膨胀水箱，有效膨胀容积不小于 200L。

3）定压系统配置要点

（1）定压系统设置单独的控制柜，不接入自动控制系统。

（2）定压装置的补水泵出水管接入各自系统的水泵回水系统，通过电接点压力表控制补水泵的启停。

4.1.4.7 控制系统

冰蓄冷中央空调系统比较复杂，根据末端负荷的不同需要，各个时间段的运行方式也不同，常规空调的手动运行模式无法很好地满足系统运行的需要，必须根据系统传感检测元器件采用自动控制，优化系统运行策略。

控制系统通过对冷水机组、蓄冰装置、板式换热器、水泵、系统管路调节阀进行控制，调整蓄冰系统各应用工况的运行模式，使系统在任何负荷情况下能达到设计参数并以最可靠的工况运行，保证空调的使用效果。同时在满足末端空调系统要求的前提下，整个系统达到最经济的运行状态，即系统的运行费用最低，提高系统的自动化水平，提高系统的管理效率和降低管理劳动强度。

自控装置与系统是组成蓄能空调系统的关键部分，自控设备均工作在条件相对恶劣的环境中，电动阀、传感元件均需在乙二醇溶液中、低温下工作，为保证系统的可靠工作，自控硬件应采用国际著名公司的原装进口产品。

本项目可采用 PLC 控制器做为下位机系统，采用江森、西门子或霍尼韦尔的设备群控系统作为控制平台进行软件集成，确保实现蓄冰系统的参数化与无人值守，实现系统的智能化运行。

1）本项目主要控制元器件选用：

（1）PLC、CPU——西门子

（2）上位机——研华工控机

（3）变频器——ABB

（4）电动阀——博力谋

（5）传感器——西门子

2）本项目的主要控制内容

（1）控制制冷主机启停、故障报警

（2）控制乙二醇泵启停、故障报警

（3）控制冷却水泵和冷冻水泵启停、故障报警

（4）控制冷却塔风机启停、故障报警

（5）冷却水和冷冻水供水温度监测

（6）乙二醇供回水温度监测

（7）蓄冰槽进出口温度监测

（8）末端乙二醇流量

（9）室外温湿度监测

（10）空调冷负荷

（11）各时段用电量及峰谷电量

（12）各种数据统计表格、曲线

（13）存冰量记录显示

（14）乙二醇系统泄压

（15）冷冻水系统泄压

（16）实现无人值守运行

（17）各时段用电量及电费自动记录

4.1.4.8 冰蓄冷机房主要设备配置（表 4-3）

冰蓄冷机房主要设备配置表 表 4-3

序号	设备名称	规格型号	单位	数量	单台功率/kW	合计功率/kW	备注
1	双工况冷水机组	空调工况额定制冷量 650RT，制冰工况 425RT	台	3	408(空调)/347(制冰)	1224(空调)/1041(制冰)	
2	基载冷水机组	空调工况额定制冷量 1300kW	台	1	219	219	
3	蓄冰装置	9936RTH	套	1	0	0	
4	双工况冷却塔	525m³/h	台	3	16.5	49.5	
5	基载冷却塔	300m³/h	台	1	11	11	
6	板式换热器	额定换热量 3500kW	台	3	0	0	
7	乙二醇泵	$Q=400m^3/h, H=32m$	台	4	55	165	一备
8	双工况冷却水泵	$Q=500m^3/h, H=28m$	台	4	55	165	一备
9	基载冷却水泵	$Q=280m^3/h, H=28m$	台	2	37	37	一备
10	双工况冷冻水泵	$Q=600m^3/h, H=38m$	台	4	90	270	一备
11	基载冷冻水泵	$Q=262m^3/h, H=38m$	台	2	45	45	一备
12	软化水处理器	10t/h	套	1	0	0	
13	乙二醇系统定压设备		套	1	1.5	1.5	
14	集水器		套	1	0	0	
15	分水器		套	1	0	0	
16	水泵变频柜/mm	800×600×2200	套	10	0	0	
17	自控柜/mm	1200×600×2200	套	1	0	0	
18	合计					2187	

4.1.5 运行策略

1）设计日（100%负荷）负荷分配情况

为了充分利用蓄冰盘管和制冷机的供冷能力，最大地降低系统运行电费，空调冷负荷在不同时段分别由制冷机和蓄冰盘管承担。结合电价政策，双工况制冷机在夜间的电力低谷时段 23：00～7：00 进行蓄冰，非谷电时段制冷机和蓄冰盘管联合供冷。在这种运行策略下，可以使空调供冷得到最优化的分配，同时尽可能降低运行电费，运行策略如图 4-4。

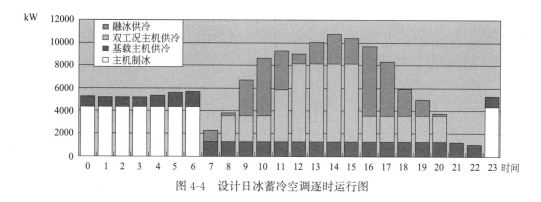

图 4-4　设计日冰蓄冷空调逐时运行图

（1）双工况主机制冰＋基载主机供冷模式（23：00～7：00）

这段时间为电力低谷期，3 台双工况主机满负荷运行，制取的冷量储存在储冰装置中，最大蓄冰量为 9936RTH，同时开启基载主机给商务公寓供冷。

（2）基载主机单供冷模式（21：00～23：00）

这段时间为电力平峰时段，且建筑负荷很小，此时段建筑所需冷量完全由基载制冷主机提供。

（3）主机和蓄冰槽联合供冷模式（7：00～21：00）

这段时间涵盖了整个电力高峰时段和部分平电时段，且建筑负荷较大，此时段开启基载主机，双工况主机根据建筑负荷结合电价政策确定开启台数，所有制冷主机满负荷运行，不足部分由蓄冰槽补充。

2）设计日（75％负荷）负荷分配情况

在这种负荷状态下，系统负荷分配情况同样与电价结构密切相关，为了充分利用蓄冰盘管和制冷机的供冷能力，最大限度降低系统运行电费，空调冷负荷仍由制冷机和蓄冰盘管共同承担。结合电价政策，双工况制冷机在夜间的电力低谷时段 23：00～7：00 进行蓄冰，在非谷电时段制冷机和蓄冰盘管联合供冷。在这种运行策略下，可以使空调供冷得到最优化的分配，同时尽可能降低运行电费，运行策略如图 4-5。

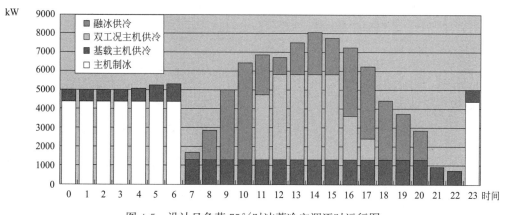

图 4-5　设计日负荷 75％时冰蓄冷空调逐时运行图

（1）双工况主机制冰＋基载主机供冷模式（23：00～7：00）

这段时间为电力低谷期，3台双工况主机满负荷运行，制取的冷量储存在储冰装置中，最大蓄冰量为9936RTH，同时开启基载主机给商务公寓供冷。

（2）基载主机单供冷模式（21：00～23：00）

这段时间为电力平峰时段，且建筑负荷很小，此时段建筑所需冷量完全由基载制冷主机提供。

（3）主机和蓄冰槽联合供冷模式（7：00～21：00）

这段时间涵盖了整个电力高峰时段和部分平电时段，且建筑负荷较大，此时段开启基载主机，双工况主机根据建筑负荷结合电价政策确定开启台数，所有制冷主机满负荷运行，不足部分由蓄冰槽补充。

3）设计日（50％负荷）负荷分配情况

在这种负荷状态下，系统负荷分配情况同样与电价结构密切相关。为了充分利用蓄冰装置和制冷机的供冷能力，最大程度降低系统运行电费，空调冷负荷由制冷机和蓄冰装置共同承担。结合电价政策，双工况制冷机在夜间的电力低谷时段23：00～7：00进行蓄冰。在这种运行策略下，可以使空调供冷得到最优化的分配，同时尽可能降低运行电费，运行策略如图4-6。

（1）双工况主机制冰＋基载主机供冷模式（23：00～7：00）

这段时间为电力低谷期，3台双工况主机满负荷运行，制取的冷量储存在储冰装置中，最大蓄冰量为9936RTH，同时开启基载主机给商务公寓供冷。

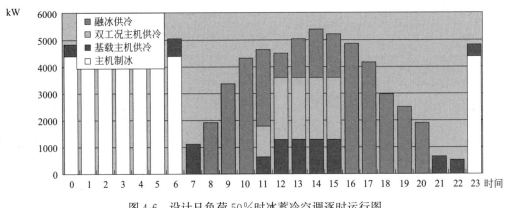

图4-6 设计日负荷50％时冰蓄冷空调逐时运行图

（2）基载主机单供冷模式（7：00～8：00，21：00～23：00）

这段时间为电力平峰时段，且建筑负荷很小，此时段建筑所需冷量完全由基载制冷主机提供。

（3）蓄冰槽融冰单供冷模式（8：00～11：30，16：00～21：00）

当建筑负荷达到设计日负荷的50％时，在整个高峰电时段可实现融冰单供冷，建筑所需负荷完全由蓄冰槽提供，所有主机退出运行，仅开启乙二醇泵和冷冻水泵。

（4）基载主机和蓄冰槽联合供冷模式（11：30～16：00）

这段时间为电力平峰时段，且建筑物供冷负荷达到当天最大值，建筑供暖主要由制冷主机提供，此时段开启基载主机和1台双工况主机，主机满负荷运行，不足部分由蓄冰槽融冰提供。

4）设计日（25％负荷）负荷分配情况

由于冷负荷很小，冰蓄冷空调在这种负荷情况下显示了极大的优越性。白天在非谷电时段可实现全融冰供冷，最大程度地降低运行电费，运行策略如图4-7。

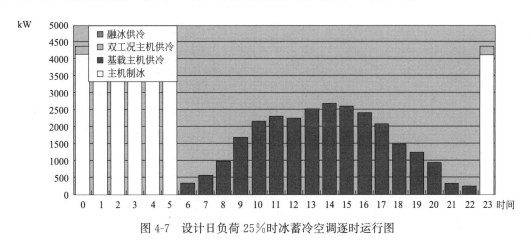

图 4-7　设计日负荷 25％时冰蓄冷空调逐时运行图

（1）双工况主机制冰兼供冷模式（23：00～6：00）

这段时间为电力低谷期，开启3台双工况主机满负荷运行，在满足商务公寓供冷要求的前提下，富余的冷量储存在储冰装置中，最大蓄冰量为8230RTH。

（2）蓄冰槽单融冰供冷模式（6：00～23：00）

过渡季节建筑负荷较小，蓄冰量能保证非谷电时段供冷需求，此时段所有主机退出运行，仅开启乙二醇泵和冷冻水泵。

4.1.6　冰蓄冷运行电费分析

1）实际负荷为设计日负荷时冰蓄冷空调运行电费计算，见表4-4。

设计日负荷时冰蓄冷空调运行电费表　　　　　　　　　　　　　　表 4-4

设备	基载	双工况	乙二醇泵	冷却塔	冷却水泵	冷冻水泵	功率合计	电价	费用
	主机 kW	主机 kW	kW	kW	kW	kW	kW	元/kWh	元
0:00	149	1041	165	60.5	202	45	1662.5	0.3457	574.72625
1:00	144	1041	165	60.5	202	45	1657.5	0.3457	572.99775
2:00	144	1041	165	60.5	202	45	1657.5	0.3457	572.99775
3:00	144	1041	165	60.5	202	45	1657.5	0.3457	572.99775
4:00	158	1041	165	60.5	202	45	1671.5	0.3457	577.83755
5:00	203	1041	165	60.5	202	45	1716.5	0.3457	593.39405

设备	基载	双工况	乙二醇泵	冷却塔	冷却水泵	冷冻水泵	功率合计	电价	费用
	主机 kW	主机 kW	kW	kW	kW	kW	kW	元/kWh	元
6:00	216	1041	165	60.5	202	45	1729.5	0.3457	597.88815
7:00	219	0	55	11	37	45	367	0.6623	243.0641
8:00	219	408	55	26.5	92	135	467.75	0.6623	309.790825
8:30	219	408	55	26.5	92	135	467.75	0.9789	457.880475
9:00	219	408	110	26.5	92	225	1080.5	0.9789	1057.70145
10:00	219	408	165	26.5	92	315	612.75	0.9789	599.820975
10:30	219	408	165	26.5	92	315	612.75	1.1055	677.395125
11:00	219	408	165	26.5	92	315	612.75	1.1055	677.395125
11:30	219	816	165	60.5	202	315	888.75	0.6623	588.619125
12:00	219	1224	165	60.5	202	315	2185.5	0.6623	1447.45665
13:00	219	1224	165	60.5	202	315	2185.5	0.6623	1447.45665
14:00	219	1224	165	60.5	202	315	2185.5	0.6623	1447.45665
15:00	219	1224	165	60.5	202	315	2185.5	0.6623	1447.45665
16:00	219	408	165	26.5	92	315	1225.5	0.9789	1199.64195
17:00	219	408	165	26.5	92	315	1225.5	0.9789	1199.64195
18:00	219	408	110	26.5	92	225	1080.5	0.9789	1057.70145
19:00	219	408	110	26.5	92	225	1080.5	1.1055	1194.49275
20:00	219	408	55	26.5	92	135	935.5	1.1055	1034.19525
21:00	203	0	55	11	37	45	351	0.6623	232.4673
22:00	162	0	55	11	37	45	310	0.6623	205.313
23:00	153	1041	165	60.5	225	45	1689.5	0.3457	584.06015
合计									21171.84685

2）实际负荷为设计日负荷的 75% 时冰蓄冷空调运行电费计算，见表 4-5。

75% 设计日负荷时冰蓄冷空调运行电费表　　　　表 4-5

设备	基载	双工况	乙二醇泵	冷却塔	冷却水泵	冷冻水泵	功率合计	电价	费用
	主机 kW	主机 kW	kW	kW	kW	kW	kW	元/kWh	元
0:00	112	1041	165	60.5	202	45	1625.5	0.3457	561.93535
1:00	108	1041	165	60.5	202	45	1621.5	0.3457	560.55255
2:00	108	1041	165	60.5	202	45	1621.5	0.3457	560.55255
3:00	108	1041	165	60.5	202	45	1621.5	0.3457	560.55255
4:00	118	1041	165	60.5	202	45	1631.5	0.3457	564.00955
5:00	152	1041	165	60.5	202	45	1665.5	0.3457	575.76335
6:00	162	1041	165	60.5	202	45	1675.5	0.3457	579.22035
7:00	219	0	55	11	37	135	457	0.6623	302.6711

续表

设备	基载	双工况	乙二醇泵	冷却塔	冷却水泵	冷冻水泵	功率合计	电价	费用
	主机 kW	主机 kW	kW	kW	kW	kW	kW	元/kWh	元
8:00	219	0	55	11	37	135	228.5	0.6623	151.33555
8:30	219	0	55	11	37	135	228.5	0.9789	223.67865
9:00	219	0	110	11	37	225	602	0.9789	589.2978
10:00	219	0	110	11	37	225	301	0.9789	294.6489
10:30	219	0	110	11	37	225	301	1.1055	332.7555
11:00	219	408	110	26.5	82	225	535.25	1.1055	591.718875
11:30	219	816	110	42	147	225	779.5	0.6623	516.26285
12:00	219	816	110	42	147	225	1559	0.6623	1032.5257
13:00	219	816	110	42	147	225	1559	0.6623	1032.5257
14:00	219	816	110	42	147	225	1559	0.6623	1032.5257
15:00	219	816	110	42	147	225	1559	0.6623	1032.5257
16:00	219	408	110	26.5	82	225	1070.5	0.9789	1047.91245
17:00	219	204	110	18.75	64.5	225	841.25	0.9789	823.499625
18:00	219	0	55	11	37	135	457	0.9789	447.3573
19:00	219	0	55	11	37	135	457	1.1055	505.2135
20:00	219	0	55	11	37	135	457	1.1055	505.2135
21:00	152	0	55	11	37	45	300	0.6623	198.69
22:00	122	0	55	11	37	45	270	0.6623	178.821
23:00	115	1041	165	60.5	225	45	1651.5	0.3457	570.92355
合计									15372.6892

3）实际负荷为设计日负荷的50%时冰蓄冷空调运行电费计算，见表4-6。

50%设计日负荷时冰蓄冷空调运行电费表　　　表4-6

设备	基载	双工况	乙二醇泵	冷却塔	冷却水泵	冷冻水泵	功率合计	电价	费用
	主机 kW	主机 kW	kW	kW	kW	kW	kW	元/kWh	元
0:00	75	1041	165	60.5	202	45	1588.5	0.3457	549.14445
1:00	72	1041	165	60.5	202	45	1585.5	0.3457	548.10735
2:00	72	1041	165	60.5	202	45	1585.5	0.3457	548.10735
3:00	72	1041	165	60.5	202	45	1585.5	0.3457	548.10735
4:00	79	1041	165	60.5	202	45	1592.5	0.3457	550.52725
5:00	101	1041	165	60.5	202	45	1614.5	0.3457	558.13265
6:00	108	1041	165	60.5	202	45	1621.5	0.3457	560.55255
7:00	192	0	55	11	37	45	340	0.6623	225.182
8:00	0	0	55	0	0	90	72.5	0.6623	48.01675
8:30	0	0	55	0	0	90	72.5	0.9789	70.97025

续表

设备	基载主机 kW	双工况主机 kW	乙二醇泵 kW	冷却塔 kW	冷却水泵 kW	冷冻水泵 kW	功率合计 kW	电价 元/kWh	费用 元
9:00	0	0	55	0	0	90	145	0.9789	141.9405
10:00	0	0	55	0	0	90	72.5	0.9789	70.97025
10:30	0	0	55	0	0	90	72.5	1.1055	80.14875
11:00	0	0	110	0	0	180	145	1.1055	160.2975
11:30	219	408	110	26.5	82	225	535.25	0.6623	354.496075
12:00	219	408	110	26.5	82	225	1070.5	0.6623	708.99215
13:00	219	408	110	26.5	82	225	1070.5	0.6623	708.99215
14:00	219	408	110	26.5	82	225	1070.5	0.6623	708.99215
15:00	219	408	110	26.5	82	225	1070.5	0.6623	708.99215
16:00	0	0	110	0	0	180	290	0.9789	283.881
17:00	0	0	110	0	0	180	290	0.9789	283.881
18:00	0	0	55	0	0	90	145	0.9789	141.9405
19:00	0	0	55	0	0	90	145	1.1055	160.2975
20:00	0	0	55	0	0	90	145	1.1055	160.2975
21:00	101	0	55	11	37	45	249	0.6623	164.9127
22:00	81	0	55	11	37	45	229	0.6623	151.6667
23:00	77	1041	165	60.5	225	45	1613.5	0.3457	557.78695
合计									9755.333475

4) 实际负荷为设计日负荷的 25% 时冰蓄冷空调运行电费计算，见表 4-7。

25% 设计日负荷时冰蓄冷空调运行电费表 表 4-7

设备	基载主机 kW	双工况主机 kW	乙二醇泵 kW	冷却塔 kW	冷却水泵 kW	冷冻水泵 kW	功率合计 kW	电价 元/kWh	费用 元
0:00	0	1041	165	60.5	202	45	1513.5	0.3457	523.21695
1:00	0	1041	165	60.5	202	45	1513.5	0.3457	523.21695
2:00	0	1041	165	60.5	202	45	1513.5	0.3457	523.21695
3:00	0	1041	165	60.5	202	45	1513.5	0.3457	523.21695
4:00	0	1041	165	60.5	202	45	1513.5	0.3457	523.21695
5:00	0	1041	165	60.5	202	45	1513.5	0.3457	523.21695
6:00	0	0	55	0	0	90	145	0.3457	50.1265
7:00	0	0	55	0	0	90	145	0.6623	96.0335
8:00	0	0	55	0	0	90	72.5	0.6623	48.01675
8:30	0	0	55	0	0	90	72.5	0.9789	70.97025
9:00	0	0	55	0	0	90	145	0.9789	141.9405
10:00	0	0	55	0	0	90	72.5	0.9789	70.97025

续表

设备	基载 主机 kW	双工况 主机 kW	乙二醇泵 kW	冷却塔 kW	冷却水泵 kW	冷冻水泵 kW	功率合计 kW	电价 元/kWh	费用 元
10:30	0	0	55	0	0	90	72.5	1.1055	80.14875
11:00	0	0	55	0	0	90	72.5	1.1055	80.14875
11:30	0	0	55	0	0	90	72.5	0.6623	48.01675
12:00	0	0	55	0	0	90	145	0.6623	96.0335
13:00	0	0	55	0	0	90	145	0.6623	96.0335
14:00	0	0	55	0	0	90	145	0.6623	96.0335
15:00	0	0	55	0	0	90	145	0.6623	96.0335
16:00	0	0	55	0	0	90	145	0.9789	141.9405
17:00	0	0	55	0	0	90	145	0.9789	141.9405
18:00	0	0	55	0	0	90	145	0.9789	141.9405
19:00	0	0	55	0	0	90	145	1.1055	160.2975
20:00	0	0	55	0	0	90	145	1.1055	160.2975
21:00	0	0	55	0	0	90	145	0.6623	96.0335
22:00	0	0	55	0	0	90	145	0.6623	96.0335
23:00	0	1041	165	60.5	225	45	1536.5	0.3457	531.16805
合计									5679.45925

5）整个供冷季运行电费计算。

（1）供冷季

5月1日至10月1日，150d。

（2）各负荷占比，见表4-8。

各负荷占比统计表　　　　　　　　　　　　　表4-8

序号	负荷	占比	天数
1	100%负荷	20%	30
2	75%负荷	36%	54
3	50%负荷	32%	48
4	25%负荷	12%	18
5	合计	100%	150

（3）供冷季运行电费核算，见表4-9。

供冷季运行电费计算表　　　　　　　　　　　表4-9

序号	负荷	天数	日运行费用/元	小计/元
1	100%负荷	30	21171.85	635155.5
2	75%负荷	54	15372.69	830125.26
3	50%负荷	48	9755.34	468256.32
4	25%负荷	18	5679.46	102230.28
5		150		2035767.36

（4）单位面积供冷费用

项目总建筑面积为 16 万 m^2，每平方米平均供冷费用为：

2035767.36/160000≈12.73 元/m^2/供冷季

4.1.7 冰蓄冷运行经济性分析

1）冰蓄冷系统初投资概算，见表 4-10。

冰蓄冷系统初投资估算表

表 4-10

序号	设备名称	规格型号	单位	数量	单价/万元	合价/万元	备注
1	双工况冷水机组	空调工况额定制冷量 650RT，制冰工况 425RT	台	3	98.3	294.9	
2	基载冷水机组	空调工况额定制冷量 1300kW	台	1	72.7	72.7	
3	蓄冰装置	9936RTH	台	1	377.66	377.6	
4	双工况冷却塔	525m^3/h	台	3	14.7	44.1	
5	基载冷却塔	300m^3/h	台	1	8.4	8.4	
6	板式换热器	额定换热量 3500kW	台	3	32.6	97.8	
7	乙二醇泵	$Q=400m^3/h, H=32m$	台	4	3.3	13.2	一备
8	双工况冷却水泵	$Q=500m^3/h, H=28m$	台	4	3.3	13.2	一备
9	基载冷却水泵	$Q=280m^3/h, H=28m$	台	2	2.2	4.4	一备
10	双工况冷冻水泵	$Q=600m^3/h, H=38m$	台	4	5.4	22	一备
11	基载冷冻水泵	$Q=262m^3/h, H=38m$	台	2	2.7	5.4	一备
12	软化水处理器	10t/h	套	1	2.4	2.4	
13	乙二醇系统定压设备		套	1	1.8	1.8	
14	集水器		套	1	2.5	2.5	
15	分水器		套	1	2.5	2.5	
16	水泵变频柜/mm	800×600×2200	套	10	50	50	
17	自控柜/mm	1200×600×2200	套	1	28	28	
18	材料及安装		项	1	185	185	
19	小计					1225.9	

2）常规空调系统初投资概算，见表 4-11。

常规空调系统初投资估算表

表 4-11

序号	设备名称	规格型号	单位	数量	单价/万元	合价/万元	备注
1	离心式冷水机组	额定制冷量 3340kW	台	3	143.6	430.8	
2	螺杆式冷水机组	额定制冷量 1300kW	台	1	72.7	72.7	
3	冷却塔	800m^3/h	台	3	22.4	67.2	
4	冷却塔	300m^3/h	台	1	8.4	8.4	

序号	设备名称	规格型号	单位	数量	单价/万元	合价/万元	备注
5	冷却水泵	$Q=720m^3/h, H=28m$	台	4	5.4	22	一备
6	冷却水泵	$Q=280m^3/h, H=28m$	台	2	2.2	4.4	一备
7	冷冻水泵	$Q=600m^3/h, H=38m$	台	4	5.4	22	一备
8	冷冻水泵	$Q=262m^3/h, H=38m$	台	2	2.7	5.4	一备
9	软化水处理器	10t/h	套	1	2.4	2.4	
10	集水器		套	1	2.5	2.5	
11	分水器		套	1	2.5	2.5	
12	水泵变频柜/mm	800×600×2200	套	8	45	45	
13	自控柜/mm	1200×600×2200	套	1	28	28	
14	材料及安装		项	1	210	210	
15	小计					923.3	

3）常规空调系统运行电费。

常规空调执行一般工商业单一制电价，单价为 0.9 元/kWh。

（1）实际负荷为设计日负荷时常规空调运行电费，见表 4-12。

设计日负荷常规空调运行电费表 表 4-12

设备	螺杆式主机 kW	离心式主机 kW	冷却塔 kW	冷却水泵 kW	冷冻水泵 kW	功率合计 kW	电价 元/kWh	费用 元
0:00	149	0	11	37	45	242	0.9	217.8
1:00	144	0	11	37	45	237	0.9	213.3
2:00	144	0	11	37	45	237	0.9	213.3
3:00	144	0	11	37	45	237	0.9	213.3
4:00	158	0	11	37	45	251	0.9	225.9
5:00	203	0	11	37	45	296	0.9	266.4
6:00	216	0	11	37	45	309	0.9	278.1
7:00	0	380	30	90	90	590	0.9	531
8:00	219	423	41	127	135	945	0.9	850.5
8:30	219	423	41	127	135	945	0.9	850.5
9:00	0	1116	60	180	180	1536	0.9	1382.4
10:00	0	1440	90	270	270	2070	0.9	1863
10:30	0	1440	90	270	270	2070	0.9	1863
11:00	0	1541	90	270	270	2171	0.9	1953.9
11:30	0	1541	90	270	270	2171	0.9	1953.9
12:00	0	1502	90	270	270	2132	0.9	1918.8
13:00	0	1674	90	270	270	2304	0.9	2073.6

续表

设备	螺杆式	离心式	冷却塔	冷却水泵	冷冻水泵	功率合计	电价	费用
	主机 kW	主机 kW	kW	kW	kW	kW	元/kWh	元
14:00	219	1583	101	307	315	2525	0.9	2272.5
15:00	219	1514	101	307	315	2456	0.9	2210.4
16:00	0	1615	90	270	270	2245	0.9	2020.5
17:00	0	1394	90	270	270	2024	0.9	1821.6
18:00	0	986	60	180	180	1406	0.9	1265.4
19:00	0	837	60	180	180	1257	0.9	1131.3
20:00	219	416	41	127	135	938	0.9	844.2
21:00	203	0	11	37	45	296	0.9	266.4
22:00	162	0	11	37	45	255	0.9	229.5
23:00	153	0	11	37	45	246	0.9	221.4
合计								29151.9

(2) 实际负荷为设计日负荷的 75% 时常规空调运行电费, 见表 4-13。

75% 设计日负荷时常规空调运行电费表　　　　　　表 4-13

设备	螺杆式	离心式	冷却塔	冷却水泵	冷冻水泵	功率合计	电价	费用
	主机 kW	主机 kW	kW	kW	kW	kW	元/kWh	元
0:00	112	0	11	37	45	205	0.9	184.5
1:00	108	0	11	37	45	201	0.9	180.9
2:00	108	0	11	37	45	201	0.9	180.9
3:00	108	0	11	37	45	201	0.9	180.9
4:00	118	0	11	37	45	211	0.9	189.9
5:00	152	0	11	37	45	245	0.9	220.5
6:00	162	0	11	37	45	255	0.9	229.5
7:00	0	285	30	90	90	495	0.9	445.5
8:00	0	480	30	90	90	690	0.9	621
8:30	0	480	30	90	90	690	0.9	621
9:00	0	840	60	180	180	1260	0.9	1134
10:00	0	1080	60	180	180	1500	0.9	1350
10:30	0	1080	60	180	180	1500	0.9	1350
11:00	219	939	71	217	225	1671	0.9	1503.9
11:30	219	939	71	217	225	1671	0.9	1503.9
12:00	219	910	71	217	225	1642	0.9	1477.8
13:00	219	1045	71	217	225	1777	0.9	1599.3
14:00	0	1350	90	270	270	1980	0.9	1782
15:00	219	1082	71	217	225	1814	0.9	1632.6
16:00	219	995	71	217	225	1727	0.9	1554.3

设备	螺杆式主机 kW	离心式主机 kW	冷却塔 kW	冷却水泵 kW	冷冻水泵 kW	功率合计 kW	电价 元/kWh	费用 元
17:00	0	1046	60	180	180	1466	0.9	1319.4
18:00	219	522	41	127	135	1044	0.9	939.6
19:00	219	410	41	127	135	932	0.9	838.8
20:00	0	475	30	90	90	685	0.9	616.5
21:00	152	0	11	37	45	245	0.9	220.5
22:00	122	0	11	37	45	215	0.9	193.5
23:00	115	0	11	37	45	208	0.9	187.2
合计								22257.9

（3）实际负荷为设计日负荷的50%时常规空调运行电费，见表4-14。

50%设计日负荷时常规空调运行电费表　　表4-14

设备	螺杆式主机 kW	离心式主机 kW	冷却塔 kW	冷却水泵 kW	冷冻水泵 kW	功率合计 kW	电价 元/kWh	费用 元
0:00	75	0	11	37	45	168	0.9	151.2
1:00	72	0	11	37	45	165	0.9	148.5
2:00	72	0	11	37	45	165	0.9	148.5
3:00	72	0	11	37	45	165	0.9	148.5
4:00	79	0	11	37	45	172	0.9	154.8
5:00	101	0	11	37	45	194	0.9	174.6
6:00	108	0	11	37	45	201	0.9	180.9
7:00	192	0	11	37	45	285	0.9	256.5
8:00	0	320	30	90	90	530	0.9	477
8:30	0	320	30	90	90	530	0.9	477
9:00	0	558	30	90	90	768	0.9	691.2
10:00	219	503	41	127	135	1025	0.9	922.5
10:30	219	503	41	127	135	1025	0.9	922.5
11:00	219	558	41	127	135	1080	0.9	972
11:30	219	558	41	127	135	1080	0.9	972
12:00	219	534	41	127	135	1056	0.9	950.4
13:00	0	840	60	180	180	1260	0.9	1134
14:00	0	900	60	180	180	1320	0.9	1188
15:00	0	866	60	180	180	1286	0.9	1157.4
16:00		808	60	180	180	1228	0.9	1105.2
17:00	219	480	41	127	135	1002	0.9	901.8
18:00	0	493	30	90	90	703	0.9	632.7
19:00	0	419	30	90	90	629	0.9	566.1
20:00	0	317	30	90	90	527	0.9	474.3
21:00	101	0	11	37	45	194	0.9	174.6
22:00	81	0	11	37	45	174	0.9	156.6
23:00	77	0	11	37	45	170	0.9	153
合计								15391.8

（4）实际负荷为设计日负荷的 25％时常规空调运行电费，见表 4-15。

25％设计日负荷时常规空调运行电费表　　　表 4-15

设备	螺杆式	离心式	冷却塔	冷却水泵	冷冻水泵	功率合计	电价	费用
	主机 kW	主机 kW	kW	kW	kW	kW	元/kWh	元
0:00	66	0	11	37	45	159	0.9	143.1
1:00	66	0	11	37	45	159	0.9	143.1
2:00	66	0	11	37	45	159	0.9	143.1
3:00	66	0	11	37	45	159	0.9	143.1
4:00	66	0	11	37	45	159	0.9	143.1
5:00	66	0	11	37	45	159	0.9	143.1
6:00	66	0	11	37	45	159	0.9	143.1
7:00	96	0	11	37	45	189	0.9	170.1
8:00	162	0	11	37	45	255	0.9	229.5
8:30	162	0	11	37	45	255	0.9	229.5
9:00	0	280	30	90	90	490	0.9	441
10:00	0	360	30	90	90	570	0.9	513
10:30	0	360	30	90	90	570	0.9	513
11:00	0	386	30	90	90	596	0.9	536.4
11:30	0	386	30	90	90	596	0.9	536.4
12:00	0	376	30	90	90	586	0.9	527.4
13:00	0	421	30	90	90	631	0.9	567.9
14:00	0	450	30	90	90	660	0.9	594
15:00	0	432	30	90	90	642	0.9	577.8
16:00		404	30	90	90	614	0.9	552.6
17:00	0	349	30	90	90	559	0.9	503.1
18:00	0	247	30	90	90	457	0.9	411.3
19:00	211	0	11	37	45	304	0.9	273.6
20:00	160	0	11	37	45	253	0.9	227.7
21:00	66	0	11	37	45	159	0.9	143.1
22:00	66	0	11	37	45	159	0.9	143.1
23:00	66	0	11	37	45	159	0.9	143.1
合计								8835.3

（5）整个供冷季常规空调运行电费计算。

① 供冷季

5 月 1 日至 10 月 1 日，150d。

② 各负荷占比，见表4-16。

各负荷占比统计表 表4-16

序号	负荷	占比	天数
1	100%负荷	20%	30
2	75%负荷	36%	54
3	50%负荷	32%	48
4	25%负荷	12%	18
5	合计	100%	150

③ 供冷季运行电费核算，见表4-17。

供冷季运行电费计算表 表4-17

序号	负荷	天数	日运行费用/元	小计
1	100%负荷	30	29151.9	874557
2	75%负荷	54	22257.9	1201926.6
3	50%负荷	48	15391.8	738806.4
4	25%负荷	18	8835.3	159035.4
5		150		2974325.4

④ 单位面积供冷费用。

项目总建筑面积为16万 m^2，每平方米平均供冷费用为：

2974325.4/160000≈18.59 元/m^2/供冷季

4）冰蓄冷空调与常规空调经济性比较，见表4-18。

冰蓄冷空调与常规空调经济性比较表 表4-18

序号	内容	冰蓄冷空调	常规空调	增减百分比
1	系统尖峰负荷/kW	10774	10774	0.0%
2	制冷主机容量/kW	8155	11320	−28%
3	机房设备用电功率/kW	2187	2616	−16.4%
4	机房设备概算/万元	1225.9	923.3	32.8%
5	全年运行费用/万元	203.58	297.43	−31.55%
6	每年节约运行费用/万元		93.85	
7	回收年限		3.3 年	

4.1.8 结论

本项目建筑面积16万 m^2，设计冷负荷10774kW，采用冰蓄冷空调系统后，通过"移峰填谷"，每年可为电网转移高峰负荷约200万 kWh，具有巨大的环保效益。

本项目设计的冰蓄冷机房系统投资约1225.9万元，年运行费用203.58万元，常规空调机房系统投资约923.3万元，年运行费用297.43万元，冰蓄冷系统比常规空调系统每年节省运行费用116.75万元，全年运行费用节省比例为31.55%。比常规空调系统高出的投资部分在3.3年内就可以全部回收。冰蓄冷系统使用寿命在20年以上，所以在20年内最少可以为用户节约运行费用1560万元。

近几年，国家对环保重视程度不断加大，相继出台了一系列的政策，作为清洁能源的电能，在制冷和采暖行业得到了大力推广，分析未来几年，峰谷电价差可能会进一步拉大，为本项目节省的费用也会成倍增长。同时也为国家电网"移峰填谷"及国家节约能源做出了重大贡献，故采用这一技术将带来巨大的经济效益和社会效益。

4.2 水蓄冷空调技术应用实例

4.2.1 项目概况

1) 工程概况

本项目总建筑面积228622.82m²，空调总冷负荷13303kW。采用两个消防水池兼做蓄冷池，蓄冷装置为温度自然分层式，总蓄冷容积为3700m³。

2) 设计依据

《工业建筑供暖通风与空气调节设计规范》GB 50019—2015

《公共建筑节能设计标准》GB 50189—2015

《建筑给水排水及采暖工程施工质量验收规范》GB 50242—2002

《通风与空调工程施工质量验收规范》GB 50243—2016

《工业设备及管道保温绝热工程设计规范》GB 50264—2013

《设备及管道绝热效果的测试与评价》GB/T 8174—2008

《设备及管道绝热技术通则》GB/T 4272—2008

《民用建筑电气设计标准》GB 51348—2019

《通用用电设备配电设计标准》GB 50055—2011

《智能建筑设计标准》GB 50314—2015

《声环境质量标准》GB 3096—2008

《蓄冷空调系统的测试和评价方法》GB/T 19412—2003

3) 电价政策

依据项目的建筑规模、使用功能和空调负荷情况等分析其用电情况，属于高需求商业服务业用电类型，峰谷电价政策见表4-19。

一般工商业峰谷电价政策   表4-19

分类	时段	蓄冰空调电价/(元/kWh)
尖峰时段	10:30~11:30	1.36442
	18:00~21:00	

分类	时段	蓄冰空调电价/(元/kWh)
高峰时段	8:30~10:30	1.28416
	21:00~23:00	
平时段	7:00~8:30	0.8026
	11:30~18:00	
谷时段	23:00~07:00	0.32101

4）典型设计日逐时负荷情况

建筑物的负荷是指为使室内温湿度维持在规定水平而须从室内排出的热量，是一个随时间变化的非稳态的变量。水蓄冷空调系统的设备及蓄冷方式的选择是以夏季空调设计日（最不利情况）的逐时负荷分布为依据的。项目夏季空调设计日 100%负荷状态下的 24h 逐时冷负荷情况如图 4-8。

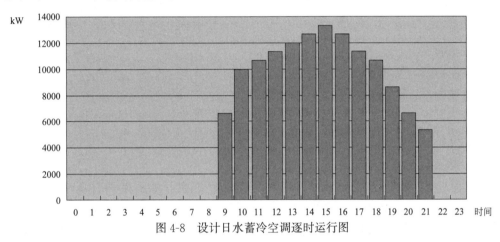

图 4-8 设计日水蓄冷空调逐时运行图

从逐时冷负荷分布图可以看出，项目的冷负荷主要分布在 9：00～22：00 时段，涵盖了项目所在地的电价平、峰时段，非常适合采用蓄冷空调系统。

4.2.2 蓄冷设备形式确定

本项目采用两个消防水池兼做蓄冷池，总蓄冷容积为 3700m³。由于蓄冷水槽的保温施工不能破坏建筑结构，因此蓄冷水槽只能采用内保温的保温工艺。

1）保温防水工艺

蓄冷水槽的保温施工不能破坏建筑结构，因此蓄冷水槽底面只能采用内保温工艺，同时位于蓄冷水槽内的多根原结构混凝土柱在蓄冷水槽运行过程中，在其垂直方向上，浸没于冷水中（最低温度为 4℃，且存在一定温度变化幅度）的部分与没有浸没于冷水中的部分因所处温度环境不同，热胀冷缩情况相应不同，为保证结构稳固，应对位于蓄冷水槽中的多根原结构混凝土柱进行保温处理。对结构柱进行保温处理还能杜绝结构柱产生的冷桥，阻断蓄冷槽内的冷量经结构柱传递至机房地面。

保温防水施工工艺如图 4-9。

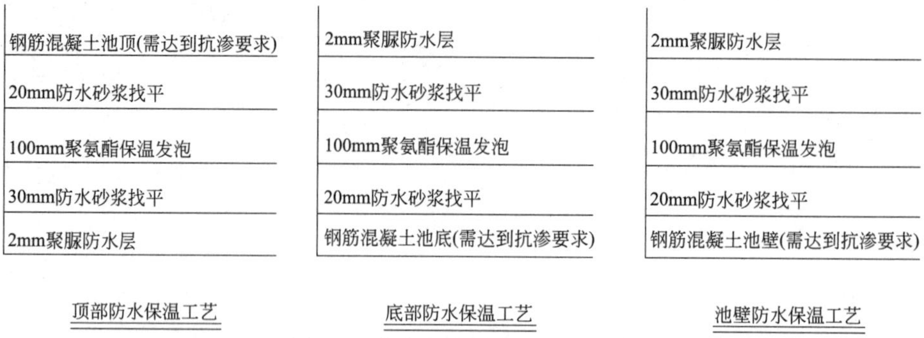

钢筋混凝土池顶(需达到抗渗要求)	2mm聚脲防水层	2mm聚脲防水层
20mm防水砂浆找平	30mm防水砂浆找平	30mm防水砂浆找平
100mm聚氨酯保温发泡	100mm聚氨酯保温发泡	100mm聚氨酯保温发泡
30mm防水砂浆找平	20mm防水砂浆找平	20mm防水砂浆找平
2mm聚脲防水层	钢筋混凝土池底(需达到抗渗要求)	钢筋混凝土池壁(需达到抗渗要求)
顶部防水保温工艺	底部防水保温工艺	池壁防水保温工艺

图 4-9　蓄冷水槽保温防水工艺图

2）保温工艺

常见保温材料如聚氨酯、离心玻璃棉、橡塑、PEF 等，因其特性不同而具有不同的应用场合。钢筋混凝土蓄冷水槽由于几何尺寸较大，采用保温板材进行保温难以处理诸如保温板材在基面上容易脱落、板材之间的接缝难以处理的问题，故槽体保温采用聚氨酯现场发泡。

（1）聚氨酯现场发泡技术优点

在现场发泡、喷涂（或灌注）聚氨酯泡沫塑料隔热层的方法，其表面是一整体，没有接缝，冷损失减少，而且施工效率高，易于达到质量要求，减少施工程序，还省去被保温设备管道表面的防腐涂层。

（2）聚氨酯现场发泡施工工艺原理

聚氨酯泡沫塑料发泡喷涂、灌注工艺原理，是聚醚异氰酸酯聚合反应能生成氨基甲酸酯，即能生成所需的聚氨基甲酸乙酯，也就是常称的聚氨酯泡沫塑料。在反应过程中同时加入催化剂（二月桂酸二丁基锡、三乙烯二胺、三乙醇胺）、交联剂（乙二胺聚醚）、发泡剂（R-113 或 R-11 和水）、泡沫稳定剂（硅油）等，其作用是促进和完善化学反应。

这些原料分两组，经充分混合后分别由计量泵按比例打入特制的喷枪内，在喷枪或灌注混合器内充分混合喷涂于管道或设备表面，发生反应，在 5～10s 内起泡而生成泡沫塑料，并固化成型。聚氨酯保温材料物理参数见表 4-20。

聚氨酯保温材料物理参数表　　　　　　表 4-20

技术性能	单位	参数
容量	kg/m³	45～60
导热系数	W/(m·K)	0.016～0.024
使用温度	℃	−90～+120
闭孔率	%	≥97
吸水率	kg/m²	≤0.2
氧指数	h	≥26
抗压强度	MPa	≥200

（3）聚氨酯现场发泡施工工艺原理

本项目蓄冷水槽采用聚氨酯现场发泡保温，侧壁、底部、顶部保温厚度100mm，保温完毕外做防水砂浆保护层和聚脲防水层。

因顶部保温盖板以下与水面之间为空气层，空气作为热的不良导体，其本身具有一定的隔热能力。而蓄冷水槽底板处钢筋混凝土较厚且其以下建筑结构的温度相对较低，对于蓄冷水槽保冷相对有利。综上，此处只需验算池壁处的保温厚度。

（4）换热面积计算

因底部与空气隔绝，属于半无限大换热，而蓄冷水槽顶部与冷水没有直接接触，因此蓄冷水槽底部和顶部单位面积热损失小于侧面，采用保守计算，各个面换热均以侧壁换热计算，因面积远大于厚度，可简化为平板传热计算。

水池周长 $L=68.4\mathrm{m}$ ，高 $H=9.8\mathrm{m}$

总换热面积 $A=68.4\times9.8+216.72$（顶面积）$\times2=1103.76\mathrm{m}^2$

（5）传热模型分析

蓄冷水槽内的最低工作温度为蓄冷结束温度，即为 4℃。冷量自水传递至空气需克服四重热阻；冷水槽内水体的自然对流换热热阻、钢筋混凝土池壁的热传导热阻、保温层的热传导热阻以及槽外空气的自然对流换热热阻。传热模型示意如图 4-10。

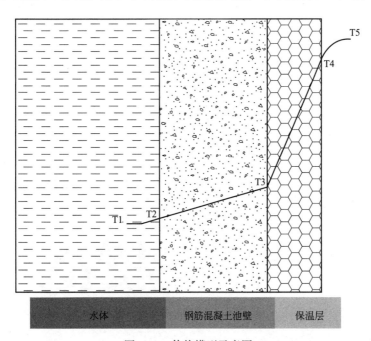

水体　　　钢筋混凝土池壁　　　保温层

图 4-10　传热模型示意图

① 耗冷量计算

根据《工业设备及管道绝热工程设计规范》GB 50264—2013：

蓄冷水槽平面形表面的单位面积冷损失：

$$[Q] = \frac{T_0 - T_a}{\frac{\delta}{\lambda} + \frac{1}{\alpha_s}}$$

式中：δ——保温厚度，m；

   λ——保温材料的导热系数，W/(m·℃)；根据计算，该项目蓄冷水槽外表面传热系数为 0.265W/(m·℃)；

   α_s——绝热层向周围环境的放热系数，W/(m²·℃)；根据 GB 50264—2013，取 8.141W/(m²·℃)；

   T_0——介质温度，取 4℃；

   T_a——环境温度，取 34.8℃；

   $[Q]$——单位面积绝热层外表面的热、冷量损失，W/m²。

蓄冷水槽平面形外表面的面积：

$$A = 2 \times (W \times L + W \times H + L \times H)$$

假设保温层厚度 100mm，蓄冷槽尺寸为：长×宽×高＝26100mm×8700mm×10000mm，代入公式中，得 $A = 1155m^2$，$[Q] = -18.0W/m^2$（$[Q]$ 为负值表示冷损失量）

蓄冷水槽 24h 的冷量损失 $Q = 24 \times [Q] \times A = 500kWh$，约为蓄冷量的 1.7%，符合冷损失要求。

② 保温后的温降计算

夏季的蓄水温度 4℃，冬季的蓄水温度 50℃。

夏季的温降计算：

根据耗冷量的计算结果，蓄水罐 24h 的冷量损失 Q 为 500kWh，则

$$\Delta t = \frac{0.86 \cdot Q}{G} = \frac{0.86 \cdot 500}{3500} = 0.12℃$$

结论：夏季温降为 0.12 ℃，满足投标文件中蓄冷水池整体保温效果达到 24h 内平均温升不超过 0.3℃的要求。

③ 防结露计算

根据《工业设备及管道绝热工程设计规范》GB 50264—2013：

$$T_s = \frac{Q}{\alpha_s} + T_a$$

式中：T_s——外表面温度，℃。

可以求解保温外表面温度 T_s：

$$T_s = \frac{Q}{\alpha_s} + T_a = \frac{-18.0}{8.141} + 34.8 = 32.6℃$$

查湿空气焓湿图得，干球温度为 35℃、相对湿度为 70%的湿空气对应的湿球温度为 31.8℃，$T_s > 31.8℃$，故不会结露。

3）防水工艺

根据业主要求，蓄冷池内表面及其他罐内附件均采用聚脲涂层，喷涂厚度 $\mu \geqslant 2mm$。

聚脲是一种高活性的化合物——异氰酸酯，几乎能够与任何含活泼氢的化合物在常温下反应。当它与羟基化合物中的活泼氢反应时，生成氨基甲酸酯键，其高聚物即为聚氨酯；当它与氨基化合物中的活泼氢反应时，生成脲键，其聚合物即为聚脲。

聚脲防水具有以下特点：

① 固化快，施工效率高

聚脲喷涂后的固化速度极快，一般在几秒钟内就凝胶不粘手，数小时后即可达到步行强度。聚脲喷涂的厚度可任意设定，从不到一毫米至几毫米均可一次施工完成。

② 可带湿施工

由于聚脲在常温下的反应速度极快，水分子来不及与异氰酸酯反应。因此环境周围的湿空气不会对涂层的质量和表面产生不良影响。

③ 优异的理化性能

极高的抗张抗冲击强度、柔韧性、耐磨性、防湿滑、防腐蚀。喷涂聚脲的模量类似于橡胶，即在具有较高的断裂伸长率的同时，仍能保证较高的强度。通过配方调节，喷涂聚脲的抗张强度可以在 $10\sim22MPa$ 内变化，这个范围基本上涵盖了塑料、橡胶和玻璃钢的性能，这对于用作防水材料非常有利。

④ 耐老化性能优良

由于聚脲特定的分子结构以及配方中不含催化剂，喷涂聚脲的耐老化性能也特别优良。

⑤ 耐盐腐蚀性好

喷涂聚脲如作为防腐涂料，可耐受稀酸和稀碱腐蚀。但对于盐水或盐雾的腐蚀具有突出的耐受性。

⑥ 不含溶剂

聚脲喷涂配方中不含溶剂，对环境友好，无污染施工，可无害使用，有利于施工环境保护。

⑦ 具有良好的热稳定性

可在 120℃下长期使用，可承受 350℃的短时热冲击。低温工况下性能更佳。

⑧ 具有良好的粘结力

可在钢材、木材、混凝土等任何底材上喷涂成型。

4）布水器的设计

（1）布水器设计

在仔细研究本蓄冷槽的输入条件后，可以得出蓄水槽有如下几个特点：

① 开式蓄冷槽，槽内充满水；

② 蓄冷槽为立式方形槽；

③ 蓄冷槽底部为平面，顶部液位也为平面；

④ 布水器形状设计

　　根据对槽体结构的研究，本设计采用排管形布水器，布水器上下左右对称设计（如图 4-11、图 4-12 所示），使得布水器在水平方向受到的力互相抵消，布水器的每一个分配管开有呈 120°的侧向条缝。条缝在蓄水罐的断面上均匀分布，使得水均匀地在水平方向分布，上布水器条缝向上，下布水器条缝向下，以减小条缝出流对斜温层的扰动。布水器的整体尺寸比蓄水槽略小。

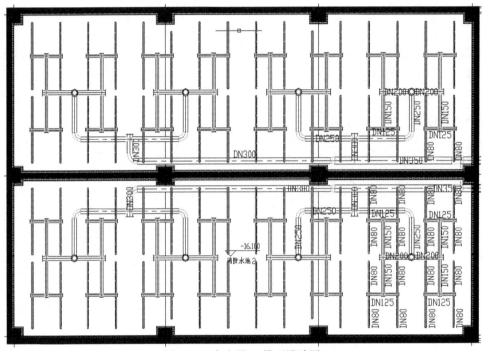

图 4-11　布水器 H 模型设计图

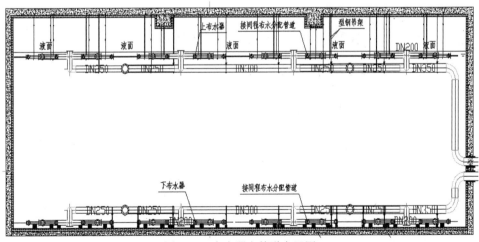

图 4-12　布水器主管道布置图

（2）布水器分配管设计

① 分配管均匀出流设计

根据《实用供热空调设计手册》，限制通过条缝的流速能使水混合的程度减至最小，通常条缝出流速度在 $0.3\sim0.6$m/s，单个蓄水槽的设计流量为 675m³/h。条缝的开口角度为 120°，选择条缝直径为 $\phi80$，条缝宽度为 15mm，由布水器孔数设计：

$$N=\frac{4\times L}{3600\times v\times 3.14\times d\times w}$$

式中：N——布水器孔数；

　　　L——稳流器的有效长度，m；

　　　v——流体流速，m/s；

　　　d——条缝直径，m；

　　　w——条缝宽度，m。

根据布置，上（下）布水器上共均匀分布有 256 个侧向条缝，每个条缝设计出流量为 2.63m³/h。

取最长的分配管进行均匀出流设计计算，分配管如图 4-13。

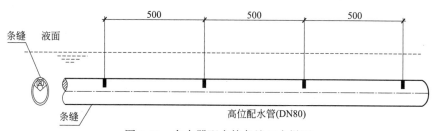

图 4-13　布水器配水管条缝口大样图

② 条缝宽度设计计算

根据《实用供热空调设计手册》，限制通过孔口的流速，则能使水混合的程度减至最小，通常条缝的出口流速在 $0.3\sim0.6$m/s，每个条缝的设计流量为 2.63m³/h。条缝开口角度为 120°，条缝的有效弧长为 83mm。取条缝出流速度为 0.6m/s，则侧向条缝的宽度为：$(2.63/3600)\,/\,(0.6\times0.083)=0.014$m。考虑黏性流体的出口流量系数对出口流速的影响，本工程取条缝的宽度为 15mm，实际出流速度为 0.59m/s，满足流速要求。

（3）蓄冷槽水力特性

① 进水雷诺数

在斜温层之上/下发生混合，会导致斜温层衰减，而对它造成影响的是单位长度配管的进水雷诺数和进水流量。进水雷诺数的计算式：

$$R_{e_i}=q/v$$

式中：q——单位长度配水器的水流量，m³/(m·s)；

　　　v——水的运动粘度，m²/s。

计算得：$R_{e_i}=348$。

较低的进口雷诺数有利于减小斜温层进口侧的混合作用。进口 Re 数一般取 240～800 能取得较好的分层效果，本设计 Re 数满足不大于 400 的要求。因此本设计能够取得较好的温度分层效果。

② Froude 验算

均流器进口的弗劳德数 Fr_i 的计算公式如下：

$$Fr_i = \frac{G}{L[g \cdot h_i^3(\rho_i - \rho_s)/p_s]^{0.5}}$$

式中：Fr_i——稳流器进口的弗劳德数；

   G——通过稳流器的最大流量，一个条缝的流量，m^3/s；

   L——稳流器的有效长度，每个条缝的间距，0.5m；

   g——重力加速度，$9.81m/s^2$；

   h_i——稳流器最小进口高度，0.3m；

   ρ_i——进口水密度，$999.90kg/m^3$；

   ρ_s——周围水密度，$999.50kg/m^3$。

根据计算：$Fr_i = 0.14$。

根据入口处 Froude 数小于 1，可知入口处浮力大于惯性力，即可形成重力流。

③ 斜温层厚度

冷、温水之间存在温差引起的导热过程，致使在冷、温水分界面附近，冷水温度有所升高，热水温度有所降低，从而形成了从冷水到温水的过渡层，即斜温层。斜温层的厚度越小，可利用的冷水越多，蓄冷量的利用系数越高。因此，斜温层的厚度越小越好。根据多项相关工程经验，本项目斜温层取 500mm。

a. 净可用蓄热量比率

经计算，蓄冷水槽的净可用蓄热量比率为 93.75%。

b. 释冷速率

经计算，蓄冷水槽的最大释冷速率为 38.2%。

4.2.3 系统设备配置

4.2.3.1 蓄冷槽

蓄冷槽容积为 3700m^3，有效高度 9.8m，液位高度控制在 9.3m，有效蓄冷容积为：$3700 \div 9.8 \times 9.3 = 3511m^3$，蓄冷槽供回水温度 4℃/11℃，根据公式 $Q = mc\Delta t$ 计算可知蓄冷槽的有效蓄冷量为 28578kWh。

4.2.3.2 制冷主机

1）主机选型

本工程配置 3 台额定制冷量为 3727kW、输入功率为 663kW 的离心式电制冷机组，蓄冷工况主机额定制冷量为 3600kW、输入功率为 657kW，蓄冷工况参数为冷媒水供回水温度 4℃/11℃，冷却水供回水温度 30℃/35℃，夜间开启 1 台离心式冷水机组蓄冷，3 台机组互为备用，根据各自运行时长，自控系统自动调整开启哪台制冷机组，另配置 2 台额定制冷量为 1055kW 的螺杆式电制冷机组，输入功率 192kW。

夜间谷电时段为 8h，蓄冷主机蓄冷工况下额定制冷量为 3600kW，谷电时段总蓄冷量为 3600×8＝28800kWh＞28578kWh，蓄冷主机满足蓄冷工况的要求。

2）制冷主机布置要点

（1）三台离心式制冷主机和 2 台螺杆式制冷主机集中布置，主机接口方向一致，主机布置时要考虑操作空间和维修空间。

（2）制冷主机蒸发器与冷冻水泵和蓄冷水泵采用总集管连接。

（3）制冷主机冷凝器与冷却水泵一对一连接。

（4）主机进出口管道要设置单独的支吊架，避免管道运行重量直接作用在设备上。

（5）主机蒸发器冷凝器进口最低处需设 DN25 排污阀。

4.2.3.3 冷却塔

为了减少冷却塔运行时的噪声与漂水，同时考虑到当地的干球与湿球温度，项目冷却塔设计选用低噪声集水型冷却塔。

1）离心式制冷主机冷却塔

离心式冷水机组额定制冷量为 3727kW，冷却水供回水温度 30℃/35℃，根据公式 $Q＝mc\Delta t$ 计算可得，冷凝器的最大水流量为 743m³/h，考虑 10％的安全系数，配置 3 台冷却水量 800m³/h 的冷却塔满足 3 台离心式冷水机组的冷却要求，每台冷却塔配有 4 台 7.5kW 的风机。

2）螺杆式制冷主机冷却塔

螺杆式冷水机组额定制冷量为 1055kW，冷却水供回水温度 30℃/35℃，根据公式 $Q＝mc\Delta t$ 计算可得，冷凝器的最大水流量为 216m³/h，考虑 15％的安全系数，配置 2 台冷却水量 250m³/h 的冷却塔满足 2 台螺杆式冷水机组的冷却要求，每台冷却塔配有 2 台 3.7kW 的风机。

3）冷却塔布置要点

（1）冷却塔基础高度高出屋面建筑面层 1000mm，冷却塔供回水管道基础高出屋面建筑面层 500mm。

（2）冷却塔集水盘之间设置平衡管来平衡液位，以避免一边溢流一边补水的状况。

（3）冷却塔回水主管的高度不得超过冷却塔集水盘落水口的高度，避免空气进入管道系统，造成主机缺水停机。

（4）冷却塔供水支管对称设置，保证水流分布均匀。

（5）冷却塔溢流管和排污管设置总集管，接至屋面排水系统。

4.2.3.4 板式换热器配置

1）选型

板式换热器的换热量根据设计日的最大冷负荷减去基载制冷主机的最大供冷能力确定，本项目设计日最大冷负荷为 13303kW，基载制冷主机的最大供冷能力为 2110kW，板式换热器的换热量不小于：

$$13303－2110＝11193kW$$

板换选型一般考虑 10%～25% 的换热余量，本项目考虑 10% 的换热余量，板式换热器设计总换热量为：

$$11193 \times 110\% = 12312kW$$

板式换热器设计 3 台，每台额定换热量为 4100kW，一次侧温度为 4℃/11℃、二次侧温度为 7℃/13℃，将蓄冷系统中循环的冷水与通往空调末端系统的冷冻水隔离，同时进行低温冷水与一次冷冻水之间的热交换，产生末端所需的冷冻水，板式换热器承压为 1.0MPa。

2）板式换热器布置要点

（1）板式换热器布置时要考虑其接管空间和维修空间。

（2）板式换热器的进口管路上设置电动开关阀和 Y 型过滤器。

（3）板式换热器设置于配套水泵前端，降低板式换热器压力。

（4）板换进出口管道设置单独的支吊架，避免管道运行重量直接作用在设备上。

（5）板换两侧进口最低点应设 DN25 排污阀。

4.2.3.5　水泵

1）蓄冷水泵

蓄冷水泵配置 2 台（1 用 1 备），需要满足主机制冷工况时的流量要求。

离心式冷水机组蓄冷工况下额定制冷量为 3600kW，供回水温度为 4℃/11℃，根据公式 $Q = mc \Delta t$ 计算可得，流量为 442m³/h，考虑 10% 左右的安全系数，确定水泵流量为 500m³/h。

蓄冷水泵需克服制冷主机的蒸发器压力降、储冷槽压力降、系统阀门与管路的阻力，根据厂家提供的资料，水泵的扬程取 17m。

每台蓄冷水泵的参数为：流量 $Q = 500$m³/h，扬程 $H = 20$m，电功率 $N = 37$kW。水泵工频控制。

2）放冷水泵

放冷水泵配置 4 台（3 用 1 备），需要满足板式换热器的换热量要求，板式换热器的额定换热量为 4100kW，一次侧供回水温度为 4℃/11℃，根据公式 $Q = mc \Delta t$ 计算可得，流量为 503m³/h，考虑量 10% 左右的安全系数，确定水泵流量为 550m³/h。

放冷水泵需克服制冷主机的蒸发器压力降、板式换热器压力降、储冷槽压力降、系统阀门与管路的阻力，根据厂家提供的资料，水泵的扬程取 20m。

每台放冷水泵的参数为：流量 $Q = 550$m³/h，扬程 $H = 20$m，电功率 $N = 45$kW。水泵变频控制。

3）离心主机冷却水泵

离心式冷水机组额定制冷量为 3727kW，冷却水供回水温度 30℃/35℃，根据公式 $Q = mc \Delta T$ 计算可得，冷凝器的最大水流量为 743m³/h，考虑 10% 的安全系数，冷却水泵的流量为 800m³/h，冷却水泵的扬程，因为开式系统，只需计算静压力（喷嘴到积水盘的静压力），扬程取 28m，本系统配置 4 台冷却水泵（3 用 1 备）参数为：流量 $Q = 800$m³/h，扬程

$H=28\mathrm{m}$，电功率 $N=90\mathrm{kW}$，满足 3 台离心式制冷主机的冷却要求，水泵工频控制。

4）螺杆主机冷却水泵

螺杆式冷水机组额定制冷量为 1055kW，冷却水供回水温度 30℃/35℃，根据公式 $Q=mc\Delta t$ 计算可得，冷凝器的最大水流量为 216m³/h，考虑 10% 的安全系数，冷却水泵的流量为 240m³/h，冷却水泵的扬程，因为开式系统，只需计算静压力（喷嘴到积水盘的静压力），扬程取 28m，本系统配置 3 台冷却水泵（2 用 1 备），参数为：流量 $Q=240\mathrm{m}^3/\mathrm{h}$，扬程 $H=28\mathrm{m}$，电功率 $N=30\mathrm{kW}$，满足 2 台螺杆式制冷主机的冷却要求，水泵工频控制。

5）板换冷冻水泵

板换冷冻水泵配置 4 台（3 用 1 备），其流量根据板式换热器的换热量确定。换热器换热量为 12300kW，冷冻水供回水温度为 13℃/7℃，根据热量计算公式 $Q=mc\Delta T$ 计算可得，冷冻水总流量为 1763m³/h，扬程根据设计院提供的最不利端计算参数取 32m，最终确定板换冷冻水泵的参数为：流量 $Q=600\mathrm{m}^3/\mathrm{h}$，扬程 $H=32\mathrm{m}$，电功率 $N=75\mathrm{kW}$，水泵变频控制。

6）螺杆主机冷冻水泵

螺杆主机冷冻水泵配置 3 台（2 用 1 备），其流量根据螺杆式制冷主机蒸发器的最大流量 182m³/h 设计，扬程根据设计院提供的最不利端计算参数取 38m，最终确定螺杆主机冷冻水泵的参数为：流量 $Q=200\mathrm{m}^3/\mathrm{h}$，扬程 $H=32\mathrm{m}$，电功率 $N=30\mathrm{kW}$，水泵变频控制。

7）水泵布置要点

（1）根据制冷主机和板式换热器的布置合理布置各系统水泵的安装位置，原则上是接管距离短，管路布置弯头少，同时考虑水泵的接管空间、维修空间。

（2）水泵进出口设置单独的支吊架，避免管道运行重量直接作用在水泵上。

（3）水泵的进口管道上设置 Y 型过滤器，出口管道上设置止回阀，进出口均设置橡胶软接头。

（4）蓄冷水泵、放冷水泵和冷冻水泵采用主集管连接，冷却水泵与制冷机冷凝器采用一对一连接。

（5）水泵进口管的最低端设置 DN25 的排污阀。

4.2.3.6　定压装置

冷冻水定压装置采用高位水箱，设置于水系统的顶层屋面，高位水箱的有效容积由设计院设计提供，高温水箱要做防腐和绝热处理。

4.2.3.7　控制系统

1）控制系统组成

针对本工程的具体情况，自控离散系统主要由三层构成：管理层、自控层和现场控制层（图 4-14）。

一个先进、完善的自动控制系统需要相应的软硬件架构，根据本工程对可靠性的高要求，此次采用可靠性极高的工业级西门子可编程逻辑控制器 PLC 以及与之相应的

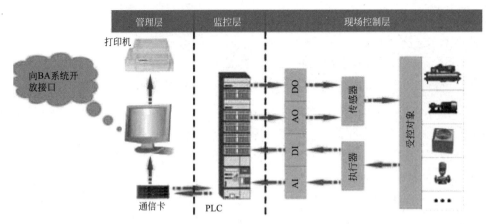

图 4-14　自控系统控制原理图

硬件架构。与传统商用级 DDC 相比较，工业级 PLC 系统的可靠性远优于商用级 DDC，PLC 优异的可靠性在电厂等对可靠性要求极其苛刻的场合里面已经得到了充分的验证。另外，PLC 开放式的硬件结构对系统维护、系统扩展以及系统升级均有利。

2）水蓄冷冷源系统控制

（1）控制目的

控制系统通过对制冷主机、蓄能装置、板式换热器、水泵、冷却塔、系统管路调节阀进行控制，调整蓄冰系统各应用工况的运行模式，使系统在任何负荷情况下均能达到设计参数并以最可靠的工况运行，保证空调的使用效果。同时在满足末端空调系统要求的前提下，整个系统达到最经济的运行状态，即系统的运行费用最低。提高系统的自动化水平，提高系统的管理效率和降低管理劳动强度。

（2）冷源系统控制范围及主要受控设备

水蓄冷冷源监控系统内需要控制的模拟量输入点（AI）、模拟量输出点（AO）、数字量输出点（DO）和数字量输入点（DI）共计 178 点，控制点的具体分布情况以及控制点的数量反映了监控系统的控制范围、主要受控对象和监控规模。主要受控设备如下：

（3）系统主要温度控制参数，见表 4-21。

主要温度控制参数表　　　　表 4-21

项目	主机进口温度	主机出口温度	蓄冷槽进口温度	蓄冷槽出口温度	板换进口温度	板换出口温度	空调冷水侧送水温度	空调冷水侧回水温度
制冷工况	12℃	4℃	4℃	12℃	—	—	—	—
空调工况	13℃	7.0℃	12℃	4℃	4℃	12℃	7℃	13℃

（4）不同工况系统设备运行情况，见表 4-22 和表 4-23。

受控	对象	数量/台	受控	对象	数量/台
冷水机组		×5	泵		×20

128

受控	对象	数量/台	受控	对象	数量/台
冷却塔		×5	制冷板换		×3
蓄冷装置		×2	电动阀		若干
系统动力柜		若干			

夏季不同工况空调机房设备转换表   表 4-22

项目	双工况离心机组蓄冷	蓄冷装置单独供冷	蓄冷装置＋离心或螺杆机组联合供冷	离心＋螺杆机组单独供冷
双工况离心机	开	关	开	开
常规离心机	关	关	开	开
螺杆机	关	关	开	开
蓄冷泵	开	关	关	关
释冷泵	关	变频	变频	关
空调冷却泵	开	关	开	开
空调一级冷冻泵	关	关	开	开
板换供冷泵	关	开	开	关
空调二级冷冻泵	关	变频	变频	变频

夏季不同工况阀门转换表   表 4-23

项目	双工况离心机组蓄冷	蓄冷装置单独供冷	蓄冷装置＋离心或螺杆机组联合供冷	离心＋螺杆机组单独供冷
V1	关	开	开	关
V2	开	关	关	关
V3	关	开	开	关
V4	开	关	关	关

项目	双工况离心 机组蓄冷	蓄冷装置 单独供冷	蓄冷装置＋离心或 螺杆机组联合供冷	离心＋螺杆机 组单独供冷
V5	关	关	开	开
V6	开	关	关	关
V7	关	关	开	开

注：冷却水泵、冷却塔和电动阀门与相应主机连锁运行；

在蓄冷装置检修等特殊情况下采用离心＋螺杆机组单独供冷模式；

冷冻水泵根据设定的最不利点压差控制变频运行，停止供冷则停止水泵。

3）运行工况优化控制方法

"Super modes"的控制方法指的是蓄冷系统在不同运行工况下的优化控制方法，需要根据不同工况，切换相应电动阀门，在不同工况下还需要根据不同的控制目标参数对系统内不同执行机构的动作发出控制指令，并严格按照制冷主机所需的设备连锁关系进行设备联动控制。

（1）双工况离心组蓄冷模式

夜间蓄冷时间内，主机切换到蓄冷工况，把冷冻水的温度降低到4℃后进入蓄冷槽，低温的冷冻水和水槽内的热水进行热交换，吸收水的热量后温度升高，再经过蓄冷泵进入主机降温，直到蓄冷结束。蓄冷结束有如下两个判断依据，其中一个条件满足时，系统即判断蓄冷结束，停止蓄冷工况：传感器指示已储存额定冷量；控制系统的时间程序指示为非蓄冷时间。

（2）离心＋螺杆机组单独供冷模式

传感器感知系统内蓄冷量已经为零，或者在蓄冷槽进行检修或其他维护而无法采用水槽供冷模式时，可采用制冷主机供冷的运行模式。此时制冷主机的蒸发器出口设定温度为末端供水温度。在空调负荷变化时，制冷主机则根据蒸发器出口温度设定自行进行冷量调节，跟随空调负荷的变化而变化。

（3）蓄冷装置单独供冷模式

当末端的负荷较小或系统需要时（如电价高峰时段），采用蓄冷水槽单独供冷工况。释冷水泵直接从蓄冷池的下部抽取温度为4℃的冷水并输送至供冷板式换热器，空调冷冻水在板换处降温后由冷冻水泵输送到空调末端系统提供冷量，一次侧低温水释冷完毕进入蓄冷池的上部。为了提高系统回水温度，避免蓄冷池内发生不合理的冷热混合造成冷量浪费，释冷水泵根据冷冻水供水温度进行变频运行并改变投入运行的台数，以保证较高的回水温度，尽量实现大温差运行。冷冻水泵的控制方法同其他工况。

（4）蓄冷装置＋离心或螺杆机组联合供冷模式

本工况下，系统末端冷量由双工况主机与水池共同提供，末端的冷冻回水一部分进制冷主机降温，另一部分经制冷板换降温，两部分冷冻水混合后为末端提供冷量。此时的放冷水泵变频运行，使末端的供水温度稳定。而当放冷水泵达到变频下限时，则通过管路上的调节阀进行流量调节，稳定末端供水温度。而制冷主机则通过自身能量调节维持末端供水温度。

4）制冷主机时序控制群控方法

在优化控制方法中，主机优先或者水槽优先是可以灵活组合的，并且对主机优先以及水槽优先均可以进行优化控制，具体来说，在主机优先模式下，可以调整制冷主机投入运行的数量，经优化的主机优先控制模式可以提高系统运行的灵活性并降低系统运行费用。在水槽优先模式下，每小时提供的冷量同样可以根据系统负荷的变化进行调整，这种灵活的控制方法是蓄冷系统的最高级控制解决方案。

5）冷却水温优化控制方法

冷却水子系统由主机冷凝器、冷却水泵、冷却塔、相应的管路系统组成。从主机冷凝器送出的冷却水（设计温度为35℃）经过冷却水泵后供给冷却塔，经冷却塔散热后，冷却水温度降至30℃（设计温度），再回到主机的冷凝器，依次循环，把主机产生的热量带到冷却塔向大气散发。

主机、冷却塔形成一对一的关系，冷却水从主机出来后，和冷却塔相连，冷却水从冷却塔出来后，到机房与冷却水泵相连。在每组冷却塔的入口支管上均安装了电动开关阀，保证冷却塔、冷却水泵以及制冷主机一一对应连锁运行。

在对冷却塔风机进行转速－台数控制之后，还需要解决的一个重要问题是如何设定冷却水系统的供水温度，即冷却水回水总管上的温度。根据冷却塔散热的基本热力学原理可知，冷却塔可以提供的冷却水的最低温度只能接近当时当地的湿球温度，不可能低于湿球温度。一年当中的不同月份甚至一天之内的不同时刻，冷却塔安放区域附近的空气湿球温度均不是一个固定值。冷却水供水温度设定越低，对提高制冷主机供冷能效比越有利，但是冷却塔风机的运行功耗则越高，反之，如果冷却水供水温度设定越高，则对提高主机运行能效比不利，但可以减少冷却塔风机的运行功耗。

因此，要进行最优化的冷却水温的运行控制就必须平衡冷却塔风机的运行功耗以及制冷主机的运行功耗，需要通过判断某时某地的湿球温度、分析冷却塔散热并深入了解制冷主机在变冷却水温度运行情况下的能效比特性，才能确定最优化的冷却水供水温度设定参数。因此，自动控制系统内的环境温湿度传感器可以随时了解湿球温度的变化情况，在自控系统数据库内也根据项目所在地植入了历年的湿球温度数据，再结合冷却塔以及制冷主机的性能对冷却水温的设定做出最为科学合理的设定。

本项目中，在冷却塔的进出水口、冷却水泵进口、主机冷凝器进口均设置电动开关阀，电动开关阀与冷却塔、冷却水泵以及制冷主机一一连锁运行。在制冷主机开机之前，开冷却塔进出口电动开关阀，开冷却塔风机，然后开启水泵，水泵入口电动开关阀逐渐打开，实现水泵空载启动，待制冷主机检测蒸发器及冷凝器已经顺利形成运行所需水流之后，制冷主机开机。在制冷主机关机时，则执行逆向过程。

6）Comfortable Control 控制及运行便利方法

"SMART-ICE"优化控制方法中除了以上重要的控制方面之外，还有一个重要的命题是如何协助运行管理人员对系统运行进行更加有效、更加轻松的管理，为此，"SMART-ICE"控制方法中还包括了运行数据的管理功能以及无人值守和节假日设定并全自动运行等功能。

（1）系统的启停顺序控制

① 系统的启停顺序除考虑设备的保护外，还应充分利用主机停机后管道系统中的冷量。

② 设备启动控制：冷却水电动水阀→冷却水泵→冷却塔风机→冷冻水电动水阀→冷冻水泵→流量开关核准冷冻水及冷却水流动→冷水机组。

③ 设备停止顺序与启动相反。

④ 冷冻水泵和冷却水泵启动后，水流开关检测水流状态，如遇故障则自动停泵。

⑤ 当冷冻水及冷却水水流开关均检测到水流，制冷机组方可启动。

⑥ 冷冻水泵和冷却水泵运行时如发生故障，其备用泵自动投入运行。同时在监控中心电脑上报警，并产生相应处置提示。

（2）设备运行时间均等控制

此控制程序已经成为标准控制程序，在国内很多冰蓄冷中央空调系统中已经得到了检验，实际控制效果非常理想。

（3）系统运行历史数据归档及追溯管理

控制系统对一些需要的监测点进行整年趋势记录，控制系统可将整年的负荷情况（包括每天的最大负荷和全日总负荷）和设备运转时间以表格和图表记录下来，供使用者掌握所有监测点，计算数据均能自动定时打印。

（4）全自动运行

系统可脱离上位机工作，根据时间表，自动进行蓄冷和控制系统运行、工况转换，对系统故障进行自动诊断，并向远方报警。触摸屏显示系统运行状态、流程、各节点参数、运行记录、报警记录等，可以实现全自动运行，大大提高自动控制的便利性，提高运行管理工作的效率，减轻机房管理人员的工作强度。

（5）节假日设定

空调系统根据时间表自动运行；可预先设置节假日，使系统在节假日对不需要供应空调的系统停止供冷，控制蓄冷量和蓄冷时间。

（6）运行状态控制

控制系统能按根据末端负荷的变化，控制制冷主机、热水板式换热机组及外围设备的启停数量及监测上述设备的工作状况与运行参数，实现对上述设备的控制和运行参数、运行状态的数据采集，并以动态图形或数据表格的形式显示在计算机屏幕上。控制系统必须能够对一些需要的监测点进行趋势记录，要求控制系统可将系统负荷情况和设备运转状况记录下来，所有监测点和计算数据均能满足自动定时打印的要求。包括但不限于以下各项：

制冷主机启停、状态、故障报警；

制冷主机运行参数、工况转换；

冷冻一级水泵启停、状态、故障报警；

冷冻二级水泵启停、状态、故障报警、变频控制、变频器故障报警；

冷却水泵启停、状态、故障报警；

释冷水泵启停、状态、故障报警、变频控制、变频器故障报警；

蓄冷水泵启停、状态、故障报警；

蓄冷水池旁通阀的开度控制与开度反馈；

蓄冷水池溢流报警水位；

蓄冷水池极限报警水位；

蓄冷水池低水位；

蓄冷水池高水位；

板式换热器进出压力与温度；

冷却塔风机启停、状态、故障报警；

冷却塔供/回水温度、显示；

蓄冷水池进、出口温度监测、显示；

蓄冷水池内的冷水分层状况显示、水池温度场动态监测；

所有电动阀开关、调节与阀位显示；

室内外温湿度测量、显示；

蓄冷量测量与控制；

室外干球温度。

（7）控制逻辑

夜间休息时段蓄冷工况下，蓄冷循环水泵定频运行，双工况主机为蓄冷模式运行，制冷主机的供回水温度为4℃/12℃，直至蓄冷池平均水温为4℃。

蓄冷水池单独供冷模式下，释冷泵定频运行，释冷泵和释冷用板式换热器一一对应启停，单台板式换热器释冷速率恒定，总释冷速率按照台数控制。板式换热器一次侧供回水温差为4℃/12℃，二次侧供回水温差为7℃/13℃，二次侧一次泵定频运行。

制冷机单独供冷模式下，制冷主机供回水温度为7℃/13℃，一次泵定流量运行，二次泵根据设定的供回水压差和回水水温调节转速，实现变流量运行。根据设定的旁通水管流量实现制冷主机的加减机。

制冷机和蓄冷水池联合运行时，根据系统预估各时段冷负荷，合理分配蓄冷水池的释冷时段和释冷速率，实现供冷工况时蓄冷水池回水温度为4℃/12℃，制冷主机根据回水总管温度调节水泵转速，回水温度设定值不低于13℃。根据二次泵流量设定值实现制冷主机的加减机。

根据室内外温度设定值，切换冬夏季工况切换阀门，调整供冷和供热模式。

冷却塔、冷水机组和冷却水循环泵一一对应运行，所有设备前电动阀门均根据所对应设备的运行状态开启和关闭。根据设定的冷却水温度开启冷却水供回水总管上的旁通阀门，实现冷却水供水温度的稳定。

根据设定值启停定压补水泵，稳定系统内工作压力。

根据软化水箱和蓄冷水池内水位信号，开启软化水装置。

（8）运行模式

控制系统应具有自动、遥控和手动三种运行模式。

自动模式是控制系统的正常运行模式，是在无人干预的情况下全自动实现系统所有的监控功能（除参数再设定、报表打印等必需的手动操作外）；

遥控模式是在主监控站的操作界面上对现场设备（冷却塔、冷水机组、水泵及电动阀体等）进行远程手动启停和调节；现场控制器要求提供控制端口，保证所有在现场手控能实现的控制功能（控制模式转换开关除外）均能由远端远程控制完成。

手动模式是在设备现场的控制柜或设备本体上完成对设备的单独操作（设备现场的控制柜必须包含设备启停等必备元器件）。在权限划分上，现场手动控制权限最大，一旦现场控制柜的转换开关调至"现场手动"，将屏蔽所有远端指令，包括自控和远程手动，由且仅由现场操作面板实施控制。

（9）系统优化控制

在满足末端负荷要求的前提下，充分发挥水蓄冷系统优势，选择最佳的系统运行模式，确保冷冻机组运行在最佳工作状态，以节约运行费用。

可通过对系统近期负荷、运行情况进行测量记录和对全年气象统计数据进行分析，自动逐时模拟预测并控制系统经济合理运行。

要求进行实时外温预测及负荷预测，根据系统能耗模型分析推算出最优化控制模式。

每次应启动累计运行时间最少的冷冻机，以达到运行时间的平衡。

自动控制冷水机组、循环水泵交替运行，平均分配各设备运行时间，对优先使用的设备进行指定，发生故障时自动切换备用系统。

（10）系统操作功能

操作人员应可进行人机对话，操作界面完全中文化，具有提示、帮助、参数设置、密匙设置、故障查询、历史记录等功能。

设置设备启停记录，应使用区别操作员的密码。

根据不同操作人员的不同操作权限可设定不同级别的密码。

自控系统通信网络及各DDC控制站应具有自诊断和报警功能，发生故障时应向上层监控系统发出报警信号和引发报警的原因，保证主监控站及时弹出报警画面和报警内容。应提供对网络故障、断电、设备硬件故障等问题的应急方案设计。

所有电动开关控制阀门须配有开/关触点掣，以便反馈有关的状态信号予控制器。而水流指示器的状态反馈信号亦需经时间延时器，以确保水流确立的信号稳定可靠。

（11）能耗管理系统说明

能耗管理系统通过配备的多功能电表实时监测在上位机参数界面中显示，记录并保存数据。通过电气人员的设计，使能耗管理系统与机房自控系统结合。

4.2.3.8 水蓄冷机房主要设备配置（表 4-24）

水蓄冷机房主要设备配置表　　　　　　　　表 4-24

序号	设备名称	规格型号	单位	数量	单台功率/kW	合计功率/kW	备注
1	离心式冷水机组	空调工况额定制冷量 3727kW，制冷工况 3600kW	台	3	663（空调）657（制冷）	1989（空调）1971（制冰）	
2	螺杆式冷水机组	空调工况额定制冷量	台	2	192	384	
3	蓄冷装置	28578kWh	套	1	0	0	
4	离心主机冷却塔	800m³/h	台	3	30	90	
5	螺杆主机冷却塔	250m³/h	台	2	7.4	14.8	
6	板式换热器	额定换热量 4100kW	台	3	0	0	
7	蓄冷水泵	$Q=500\mathrm{m^3/h}$ $H=20\mathrm{m}$	台	2	37	37	一备
8	放冷水泵	$Q=550\mathrm{m^3/h}$ $H=20\mathrm{m}$	台	4	45	135	一备
9	离心主机冷却水泵	$Q=800\mathrm{m^3/h}$ $H=28\mathrm{m}$	台	4	90	270	一备
10	螺杆主机冷却水泵	$Q=240\mathrm{m^3/h}$ $H=28\mathrm{m}$	台	3	30	60	一备
11	板换冷冻水泵	$Q=600\mathrm{m^3/h}$ $H=32\mathrm{m}$	台	4	75	225	一备
12	螺杆主机冷冻水泵	$Q=200\mathrm{m^3/h}$ $H=32\mathrm{m}$	台	3	30	60	一备
13	软化水处理器	20t/h	套	1	0	0	
14	集水器		套	1	0	0	
15	分水器		套	1	0	0	
16	动力柜/mm	800×600×2200	套	12	0	0	
17	自控柜/mm	1200×600×2200	套	1	0	0	
18	合计					3264.8	

4.2.4 运行策略

1）设计日（100%负荷）负荷分配情况

设计日是夏天最热的时候，结合空调逐时冷负荷分布图及当地对水储冷空调的电费政策，设计日水储冷空调运行方式，具体有以下 3 种工作模式，如图 4-15。

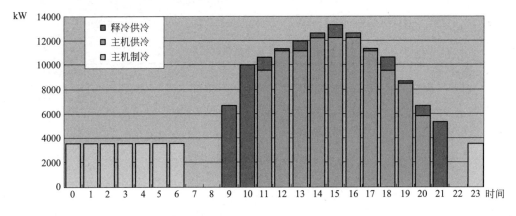

图 4-15　设计日负荷时水蓄冷空调逐时运行图

（1）双工况电制冷机组蓄冷水模式（23：00～7：00）

这段时间为电力低谷期，开启双工况电制冷机组全力制冷水至早上 7：00 共 8h，制冷量达到 28578kWh，制得的冷量储存在蓄冷池中。

（2）蓄冷池单供冷模式（9：00～11：00，21：00～22：00）

这段时间为电价高尖峰期，且建筑负荷相对较小，此时间段建筑所需冷量全部由蓄冷池提供，所有机组退出运行，仅开启相应水泵。

（3）电制冷机组与蓄冷池联合供冷模式（11：00～21：00）

当建筑负荷达到设计日负荷时，蓄冷池仅能提供一小部分负荷，建筑负荷主要还是靠电制冷主机提供，此时间段根据建筑负荷变化决定开启电制冷机组的台数，电制冷机组满负荷运行，不足部分由蓄冷池提供。

2）设计日（75％负荷）负荷分配情况

在天气发生变化，日负荷达到设计日负荷的 75％时，在白天使用空调时段，系统将依据实际的冷负荷需求，通过控制系统调节运行模式，自动调整每一时段内蓄冷池供冷及主机供冷的比例，尽可能把蓄冷池冷量用在电力高峰时段，以实现分量储冷模式逐步向全量储冷模式的运行转化，按照储冷池优先供冷的原则，最大限度地控制主机在电力高峰期间的运行时间，节省运行费用，具体有以下 3 种工作模式，如图 4-16。

（1）双工况电制冷机组蓄冷水模式（23：00～7：00）

这段时间为电力低谷期，开启双工况电制冷机组全力制冷水至早上 7：00 共 8h，制冷量达到 28578kWh，制得的冷量储存在蓄冷池中。

（2）蓄冷池单供冷模式（9：00～11：00，19：00～22：00）

这段时间为电价高尖峰期，且建筑负荷相对较小，此时间段建筑所需冷量全部由

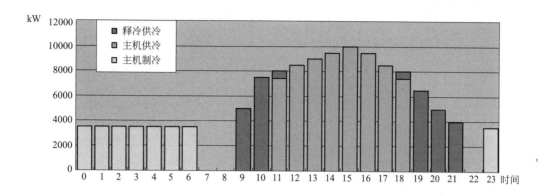

图 4-16 设计日负荷 75% 时水蓄冷空调逐时运行图

蓄冷池提供，所有机组退出运行，仅开启相应水泵。

（3）电制冷机组与蓄冷池联合供冷模式（11：00～19：00）

这段时间大部分为电价平段期，且建筑负荷较大，此时间段建筑所需冷量主要靠电制冷机组提供，根据建筑负荷决定开启电制冷机组的台数，机组满负荷运行，不足部分由蓄水池提供。

3）设计日（50% 负荷）负荷分配情况

在天气发生变化，日负荷达到设计日负荷的 50% 时，在白天使用空调时段，系统将依据实际的冷负荷需求，通过控制系统调节运行模式，自动调整每一时段内蓄冷池供冷及主机供冷的相对应比例，尽可能把蓄冷池冷量用在电力高峰时段，以实现分量储冷模式逐步向全量储冷模式的运行转化，按照储冷池优先供冷的原则，最大限度地控制主机在电力高峰期间的运行时间，节省运行费用。具体有以下 3 种工作模式，如图 4-17。

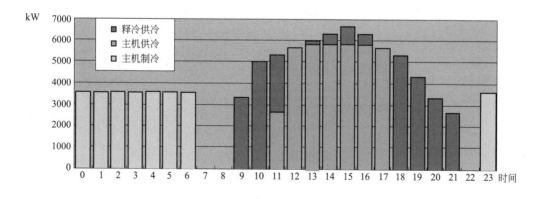

图 4-17 设计日负荷 50% 时水蓄冷空调逐时运行图

（1）双工况电制冷机组蓄冷水模式（23：00～7：00）

这段时间为电力低谷期，开启双工况电制冷机组全力制冷水至早上 7：00 共 8h，制冷量达到 28578kWh，制得的冷量储存在蓄冷池中。

（2）蓄冷池单供冷模式（9：00～11：30，18：00～22：00）

这段时间为电价高尖峰期，且建筑负荷相对较小，此时间段建筑所需冷量全部由蓄冷池提供，所有机组退出运行，仅开启相应水泵。

（3）电制冷机组与蓄冷池联合供冷模式（11：30～18：00）

这段时间为电价平段期，且建筑负荷较大，此时间段建筑所需冷量主要靠电制冷机组提供，根据建筑负荷决定开启电制冷机组的台数，机组满负荷运行，不足部分由蓄水池提供。

4）设计日（25%负荷）负荷分配情况

在天气发生变化，日负荷达到设计日负荷的 25% 时，在白天使用空调时段，系统将依据实际的冷负荷需求，通过控制系统调节运行模式，自动调整每一时段内蓄冷池供冷及主机供冷的相对应比例，尽可能把蓄冷池冷量用在电力高峰时段，以实现分量储冷模式逐步向全量储冷模式的运行转化，按照储冷池优先供冷的原则，最大限度地控制主机在电力高峰期间的运行时间，节省运行费用。具体有以下 3 种工作模式，如图 4-18。

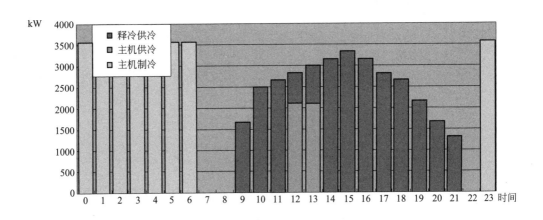

图 4-18　设计日负荷 25% 时水蓄冷空调逐时运行图

（1）双工况电制冷机组蓄冷水模式（23：00～7：00）

这段时间为电力低谷期，开启双工况电制冷机组全力制冷水至早上 7：00 共 8h，制冷量达到 28578kWh，制得的冷量储存在蓄冷池中。

（2）蓄冷池单供冷模式（9：00～12：00，14：00～22：00）

当建筑负荷达到设计日负荷的 25% 时，建筑所需负荷主要靠蓄冷池提供，此时间段所有主机退出运行，仅开启相应水泵。

（3）电制冷机组与蓄冷池联合供冷模式（12：00～14：00）

这段时间为电价平段期，开启 2 台电制冷螺杆机组，机组满负荷运行，不足部分由蓄水池提供。

4.2.5 水蓄冷运行电费分析

1）实际负荷为设计日负荷时水蓄冷空调运行电费计算，见表 4-25。

设计日负荷时水蓄冷空调运行电费表 表 4-25

设备	电制冷主机	蓄冷水泵	释冷水泵	冷却塔	冷却水泵	冷冻水泵	功率合计	电价	费用
	kW	kW	kW	kW	kW	kW	kW	元/kWh	元
0:00	657	37	0	30	90	0	814	0.32101	261.30214
1:00	657	37	0	30	90	0	814	0.32101	261.30214
2:00	657	37	0	30	90	0	814	0.32101	261.30214
3:00	657	37	0	30	90	0	814	0.32101	261.30214
4:00	657	37	0	30	90	0	814	0.32101	261.30214
5:00	657	37	0	30	90	0	814	0.32101	261.30214
6:00	657	37	0	30	90	0	814	0.32101	261.30214
7:00							0	0.8026	0
8:00	0	0	0	0	0	0	0	0.8026	0
8:30	0	0	0	0	0	0	0	1.28416	0
9:00	0	0	90	0	0	150	240	1.28416	308.1984
10:00	0	0	135	0	0	225	180	1.28416	231.1488
10:30	0	0	135	0	0	225	180	1.36442	245.5956
11:00	1710	0	135	74.8	240	210	1184.9	1.36442	1616.701258
11:30	1710	0	135	74.8	240	210	1184.9	0.8026	951.00074
12:00	1989	0	135	90	270	225	2709	0.8026	2174.2434
13:00	1989	0	135	90	270	225	2709	0.8026	2174.2434
14:00	2181	0	135	97.4	300	255	2968.4	0.8026	2382.43784
15:00	2181	0	135	97.4	300	255	2968.4	0.8026	2382.43784
16:00	2181	0	135	97.4	300	255	2968.4	0.8026	2382.43784
17:00	1989	0	135	90	270	225	2709	0.8026	2174.2434
18:00	1710	0	135	74.8	240	210	2369.8	1.28416	3043.202368
19:00	1518	0	135	67.4	210	180	2110.4	1.36442	2879.471968
20:00	1047	0	90	44.8	150	135	1466.8	1.36442	2001.331256
21:00	0	0	90	0	0	150	240	1.28416	308.1984
22:00							0	1.28416	0
23:00	657	37	0	30	90	0	814	0.32104	261.32656
合计									27345.33405

2）实际负荷为设计日负荷 75% 时水蓄冷空调运行电费计算，见表 4-26。

75%设计日负荷时水蓄冷空调运行电费表   表 4-26

设备	电制冷主机	蓄冷水泵	释冷水泵	冷却塔	冷却水泵	冷冻水泵	功率合计	电价	费用
	kW	kW	kW	kW	kW	kW	kW	元/kWh	元
0:00	657	37	0	30	90	0	814	0.32101	261.30214
1:00	657	37	0	30	90	0	814	0.32101	261.30214
2:00	657	37	0	30	90	0	814	0.32101	261.30214
3:00	657	37	0	30	90	0	814	0.32101	261.30214
4:00	657	37	0	30	90	0	814	0.32101	261.30214
5:00	657	37	0	30	90	0	814	0.32101	261.30214
6:00	657	37	0	30	90	0	814	0.32101	261.30214
7:00							0	0.8026	0
8:00	0	0	0	0	0	0	0	0.8026	0
8:30	0	0	0	0	0	0	0	1.28416	0
9:00	0	0	90	0	0	150	240	1.28416	308.1984
10:00	0	0	90	0	0	150	120	1.28416	154.0992
10:30	0	0	90	0	0	150	120	1.36442	163.7304
11:00	1326	0	90	60	180	150	903	1.36442	1232.07126
11:30	1326	0	90	60	180	150	903	0.8026	724.7478
12:00	1518	0	90	67.4	210	180	2065.4	0.8026	1657.69004
13:00	1606	0	90	74.8	240	210	2220.8	0.8026	1782.41408
14:00	1710	0	90	74.8	240	210	2324.8	0.8026	1865.88448
15:00	1775	0	135	90	270	225	2495	0.8026	2002.487
16:00	1710	0	90	74.8	240	210	2324.8	0.8026	1865.88448
17:00	1518	0	90	67.4	210	180	2065.4	0.8026	1657.69004
18:00	1326	0	90	60	180	150	1806	1.28416	2319.19296
19:00	0	0	90	0	0	150	240	1.36442	327.4608
20:00	0	0	90	0	0	150	240	1.36442	327.4608
21:00	0	0	45	0	0	75	120	1.28416	154.0992
22:00							0	1.28416	0
23:00	657	37	0	30	90	0	814	0.32104	261.32656
合计									18633.55248

3）实际负荷为设计日负荷 50％时水蓄冷空调运行电费计算，见表 4-27。

50%设计日负荷时水蓄冷空调运行电费表   表 4-27

设备	电制冷主机	蓄冷水泵	释冷水泵	冷却塔	冷却水泵	冷冻水泵	功率合计	电价	费用
	kW	kW	kW	kW	kW	kW	kW	元/kWh	元
0:00	657	37	0	30	90	0	814	0.32101	261.30214
1:00	657	37	0	30	90	0	814	0.32101	261.30214

续表

设备	电制冷主机	蓄冷水泵	释冷水泵	冷却塔	冷却水泵	冷冻水泵	功率合计	电价	费用
	kW	kW	kW	kW	kW	kW	kW	元/kWh	元
2:00	657	37	0	30	90	0	814	0.32101	261.30214
3:00	657	37	0	30	90	0	814	0.32101	261.30214
4:00	657	37	0	30	90	0	814	0.32101	261.30214
5:00	657	37	0	30	90	0	814	0.32101	261.30214
6:00	657	37	0	30	90	0	814	0.32101	261.30214
7:00							0	0.8026	0
8:00	0	0	0	0	0	0	0	0.8026	0
8:30	0	0	0	0	0	0	0	1.28416	0
9:00	0	0	45	0	0	75	120	1.28416	154.0992
10:00	0	0	90	0	0	150	120	1.28416	154.0992
10:30	0	0	90	0	0	150	120	1.36442	163.7304
11:00	0	0	90	0	0	150	120	1.36442	163.7304
11:30	955	0	45	44.8	150	135	664.9	0.8026	533.64874
12:00	1015	0	45	44.8	150	135	1389.8	0.8026	1115.45348
13:00	1047	0	45	44.8	150	135	1421.8	0.8026	1141.13668
14:00	1047	0	45	44.8	150	135	1421.8	0.8026	1141.13668
15:00	1047	0	45	44.8	150	135	1421.8	0.8026	1141.13668
16:00	1047	0	45	44.8	150	135	1421.8	0.8026	1141.13668
17:00	1015	0	45	44.8	150	135	1389.8	0.8026	1115.45348
18:00		0	90	0	0	150	240	1.28416	308.1984
19:00	0	0	90	0	0	150	240	1.36442	327.4608
20:00	0	0	45	0	0	75	120	1.36442	163.7304
21:00	0	0	45	0	0	75	120	1.28416	154.0992
22:00							0	1.28416	0
23:00	657	37	0	30	90	0	814	0.32104	261.32656
合计									11008.69196

4) 实际负荷为设计日负荷 25% 时水蓄冷空调运行电费计算，见表 4-28。

25% 设计日负荷时水蓄冷空调运行电费表 表 4-28

设备	电制冷主机	蓄冷水泵	释冷水泵	冷却塔	冷却水泵	冷冻水泵	功率合计	电价	费用
	kW	kW	kW	kW	kW	kW	kW	元/kWh	元
0:00	657	37	0	30	90	0	814	0.32101	261.30214
1:00	657	37	0	30	90	0	814	0.32101	261.30214
2:00	657	37	0	30	90	0	814	0.32101	261.30214
3:00	657	37	0	30	90	0	814	0.32101	261.30214

设备	电制冷主机	蓄冷水泵	释冷水泵	冷却塔	冷却水泵	冷冻水泵	功率合计	电价	费用
	kW	kW	kW	kW	kW	kW	kW	元/kWh	元
4:00	657	37	0	30	90	0	814	0.32101	261.30214
5:00	657	37	0	30	90	0	814	0.32101	261.30214
6:00	657	37	0	30	90	0	814	0.32101	261.30214
7:00							0	0.8026	0
8:00	0	0	0	0	0	0	0	0.8026	0
8:30	0	0	0	0	0	0	0	1.28416	0
9:00	0	0	45	0	0	75	120	1.28416	154.0992
10:00	0	0	45	0	0	75	60	1.28416	77.0496
10:30	0	0	45	0	0	75	60	1.36442	81.8652
11:00	0	0	45	0	0	75	60	1.36442	81.8652
11:30	0	0	45	0	0	75	60	0.8026	48.156
12:00	384	0	45	14.8	60	135	638.8	0.8026	512.70088
13:00	384	0	45	14.8	60	135	638.8	0.8026	512.70088
14:00	0	0	45	0	0	75	120	0.8026	96.312
15:00	0	0	45	0	0	75	120	0.8026	96.312
16:00	0	0	45	0	0	75	120	0.8026	96.312
17:00	0	0	45	0	0	75	120	0.8026	96.312
18:00		0	45	0	0	75	120	1.28416	154.0992
19:00	0	0	45	0	0	75	120	1.36442	163.7304
20:00	0	0	45	0	0	75	120	1.36442	163.7304
21:00	0	0	45	0	0	75	120	1.28416	154.0992
22:00							0	1.28416	0
23:00	657	37	0	30	90	0	814	0.32104	261.32656
合计									4579.7857

5) 整个供冷季运行电费计算

(1) 供冷季

5月1日至10月1日，150d。

(2) 各负荷占比，见表4-29。

各负荷占比统计表 表4-29

序号	负荷	占比	天数/d
1	100%负荷	20%	30
2	75%负荷	36%	54

序号	负荷	占比	天数/d
3	50%负荷	32%	48
4	25%负荷	12%	18
5	合计	100%	150

（3）供冷季运行电费，见表4-30。

供冷季运行电费计算表　　　　表4-30

序号	负荷	天数/d	日运行费用/元	小计
1	100%负荷	30	27345.33	820359.9
2	75%负荷	54	18633.55	1006211.7
3	50%负荷	48	11008.69	528417.12
4	25%负荷	18	4579.79	82436.22
5		150		2437424.94

（4）单位面积供冷费用

项目总建筑面积为228622.82m²，每平方米平均供冷费用为：

2437424.94/228622.82≈10.66 元/m²/供冷季

4.2.6 水蓄冷运行经济性分析

1）水蓄冷系统初投资概算，见表4-31。

水蓄冷系统初投资估算表　　　　表4-31

序号	设备名称	规格型号	单位	数量	单价/万元	合价/万元	备注
1	离心式冷水机组	空调工况额定制冷量3727kW，制冷工况3600kW	台	3	160	480	
2	螺杆式冷水机组	空调工况额定制冷量	台	2	59	118	
3	蓄冷装置	28578kWh	套	1	125	125	
4	离心主机冷却塔	800m³/h	台	3	22.4	67.2	
5	螺杆主机冷却塔	250m³/h	台	2	7	14	
6	板式换热器	额定换热量4100kW	台	3	31	93	
7	蓄冷水泵	$Q=500m^3/h, H=20m$	台	2	2.2	4.4	一备
8	放冷水泵	$Q=550m^3/h, H=20m$	台	4	2.7	10.8	一备
9	离心主机冷却水泵	$Q=800m^3/h, H=28m$	台	4	4.5	18	一备
10	螺杆主机冷却水泵	$Q=240m^3/h, H=28m$	台	3	1.8	5.4	一备
11	板换冷冻水泵	$Q=600m^3/h, H=32m$	台	4	3.8	15.2	一备
12	螺杆主机冷冻水泵	$Q=200m^3/h, H=32m$	台	3	1.8	5.4	一备
13	软化水处理器	20t/h	套	1	4.5	4.5	
14	集水器		套	1	2.8	2.8	

序号	设备名称	规格型号	单位	数量	单价/万元	合价/万元	备注
15	分水器		套	1	2.8	2.8	
16	动力柜/mm	800×600×2200	套	12	60	60	
17	自控柜/mm	1200×600×2200	套	1	28	28	
18	材料及安装费		项	1	230	230	
19	合计					1284.5	

2）常规空调系统设备配置及初投资概算，见表 4-32。

常规空调系统初投资估算表 表 4-32

序号	设备名称	规格型号	单位	数量	单价/万元	合价/万元	备注
1	离心式冷水机组	空调工况额定制冷量 3727kW，制冷工况 3600kW	台	3	160	480	
2	螺杆式冷水机组	空调工况额定制冷量 1055kW	台	2	59	118	
3	离心主机冷却塔	800m³/h	台	3	22.4	67.2	
4	螺杆主机冷却塔	250m³/h	台	2	7	14	
5	离心主机冷却水泵	$Q=800\text{m}^3/\text{h}, H=28\text{m}$	台	4	4.5	18	一备
6	螺杆主机冷却水泵	$Q=240\text{m}^3/\text{h}, H=28\text{m}$	台	3	1.8	5.4	一备
7	离心主机冷冻水泵	$Q=660\text{m}^3/\text{h}, H=32\text{m}$	台	4	4.5	18	一备
8	螺杆主机冷冻水泵	$Q=200\text{m}^3/\text{h}, H=32\text{m}$	台	3	1.8	5.4	一备
9	软化水处理器	0t/h	套	1	4.5	4.5	
10	集水器		套	1	2.8	2.8	
11	分水器		套	1	2.8	2.8	
12	动力柜/mm	800×600×2200	套	10	50	50	
13	自控柜/mm	1200×600×2200	套	1	28	28	
14	材料及安装费		项	1	210	210	
	小计					1024.1	

3）常规空调系统运行电费

常规空调执行一般工商业单一制电价，单价为 0.9 元/kWh。

（1）实际负荷为设计日负荷时常规空调运行电费计算，见表 4-33。

设计日负荷时常规空调运行电费计算表 表 4-33

设备	主机	冷却塔	冷却水泵	冷冻水泵	功率合计	电价	费用
	kW	kW	kW	kW	kW	元/kWh	元
0:00	0	0	0	0	0	0.9	0
1:00	0	0	0	0	0	0.9	0
2:00	0	0	0	0	0	0.9	0

设备	主机	冷却塔	冷却水泵	冷冻水泵	功率合计	电价	费用
	kW	kW	kW	kW	kW	元/kWh	元
3:00	0	0	0	0	0	0.9	0
4:00	0	0	0	0	0	0.9	0
5:00	0	0	0	0	0	0.9	0
6:00	0	0	0	0	0	0.9	0
7:00	0	0	0	0	0	0.9	0
8:00	0	0	0	0	0	0.9	0
8:30	0	0	0	0	0	0.9	0
9:00	1183	60	180	180	1603	0.9	1442.7
10:00	1775	90	270	270	1202.5	0.9	1082.25
10:30	1775	90	270	270	1202.5	0.9	1082.25
11:00	1894	90	270	270	1262	0.9	1135.8
11:30	1894	90	270	270	1262	0.9	1135.8
12:00	2016	97.4	300	300	2713.4	0.9	2442.06
13:00	2134	97.4	300	300	2831.4	0.9	2548.26
14:00	2257	104.8	330	330	3021.8	0.9	2719.62
15:00	2373	104.8	330	330	3137.8	0.9	2824.02
16:00	2257	104.8	330	330	3021.8	0.9	2719.62
17:00	2016	97.4	300	300	2713.4	0.9	2442.06
18:00	1894	90	270	270	2524	0.9	2271.6
19:00	1546	74.8	240	240	2100.8	0.9	1890.72
20:00	1184	60	180	180	1604	0.9	1443.6
21:00	955	44.8	150	150	1299.8	0.9	1169.82
22:00	0	0	0	0	0	0.9	0
23:00	0	0	0	0	0	0.9	0
合计							28350.18

（2）实际负荷为设计日负荷的75%时常规空调运行电费计算，见表4-34。

75%设计日负荷时常规空调运行电费计算表　　　　　表4-34

设备	主机	冷却塔	冷却水泵	冷冻水泵	功率合计	电价	费用
	kW	kW	kW	kW	kW	元/kWh	元
0:00	0	0	0	0	0	0.9	0
1:00	0	0	0	0	0	0.9	0
2:00	0	0	0	0	0	0.9	0
3:00	0	0	0	0	0	0.9	0
4:00	0	0	0	0	0	0.9	0

续表

设备	主机	冷却塔	冷却水泵	冷冻水泵	功率合计	电价	费用
	kW	kW	kW	kW	kW	元/kWh	元
5:00	0	0	0	0	0	0.9	0
6:00	0	0	0	0	0	0.9	0
7:00	0	0	0	0	0	0.9	0
8:00	0	0	0	0	0	0.9	0
8:30	0	0	0	0	0	0.9	0
9:00	895	44.8	150	150	1239.8	0.9	1115.82
10:00	1335	67.4	210	210	911.2	0.9	820.08
10:30	1335	67.4	210	210	911.2	0.9	820.08
11:00	1424	67.4	210	210	955.7	0.9	860.13
11:30	1424	67.4	210	210	955.7	0.9	860.13
12:00	1513	67.4	210	210	2000.4	0.9	1800.36
13:00	1606	74.8	240	240	2160.8	0.9	1944.72
14:00	1695	74.8	240	240	2249.8	0.9	2024.82
15:00	1775	90	270	270	2405	0.9	2164.5
16:00	1695	74.8	240	240	2249.8	0.9	2024.82
17:00	1513	67.4	210	210	2000.4	0.9	1800.36
18:00	1424	67.4	210	210	1911.4	0.9	1720.26
19:00	1154	60	180	180	1574	0.9	1416.6
20:00	895	44.8	150	150	1239.8	0.9	1115.82
21:00	714	37.4	120	120	991.4	0.9	892.26
22:00	0	0	0	0	0	0.9	0
23:00	0	0	0	0	0	0.9	0
合计							21380.76

（3）实际负荷为设计日负荷的50%时常规空调运行电费计算，见表4-35。

50%设计日负荷时常规空调运行电费计算表 表 4-35

设备	主机	冷却塔	冷却水泵	冷冻水泵	功率合计	电价	费用
	kW	kW	kW	kW	kW	元/kWh	元
0:00	0	0	0	0	0	0.9	0
1:00	0	0	0	0	0	0.9	0
2:00	0	0	0	0	0	0.9	0
3:00	0	0	0	0	0	0.9	0
4:00	0	0	0	0	0	0.9	0
5:00	0	0	0	0	0	0.9	0
6:00	0	0	0	0	0	0.9	0

设备	主机	冷却塔	冷却水泵	冷冻水泵	功率合计	电价	费用
	kW	kW	kW	kW	kW	元/kWh	元
7:00	0	0	0	0	0	0.9	0
8:00	0	0	0	0	0	0.9	0
8:30	0	0	0	0	0	0.9	0
9:00	592	30	90	90	802	0.9	721.8
10:00	895	44.8	150	150	619.9	0.9	557.91
10:30	895	44.8	150	150	619.9	0.9	557.91
11:00	955	44.8	150	150	649.9	0.9	584.91
11:30	955	44.8	150	150	649.9	0.9	584.91
12:00	1014	44.8	150	150	1358.8	0.9	1222.92
13:00	1065	60	180	180	1485	0.9	1336.5
14:00	1124	60	180	180	1544	0.9	1389.6
15:00	1184	60	180	180	1604	0.9	1443.6
16:00	1124	60	180	180	1544	0.9	1389.6
17:00	1014	44.8	150	150	1358.8	0.9	1222.92
18:00	955	44.8	150	150	1299.8	0.9	1169.82
19:00	800	37.4	120	120	1077.4	0.9	969.66
20:00	592	30	90	90	802	0.9	721.8
21:00	474	30	90	90	684	0.9	615.6
22:00	0	0	0	0	0	0.9	0
23:00	0	0	0	0	0	0.9	0
合计							14489.46

（4）实际负荷为设计日负荷的25%时常规空调运行电费计算，见表4-36。

25%设计日负荷时常规空调运行电费计算表　　表4-36

设备	主机	冷却塔	冷却水泵	冷冻水泵	功率合计	电价	费用
	kW	kW	kW	kW	kW	元/kWh	元
0:00	0	0	0	0	0	0.9	0
1:00	0	0	0	0	0	0.9	0
2:00	0	0	0	0	0	0.9	0
3:00	0	0	0	0	0	0.9	0
4:00	0	0	0	0	0	0.9	0
5:00	0	0	0	0	0	0.9	0
6:00	0	0	0	0	0	0.9	0
7:00	0	0	0	0	0	0.9	0

设备	主机	冷却塔	冷却水泵	冷冻水泵	功率合计	电价	费用
	kW	kW	kW	kW	kW	元/kWh	元
8:00	0	0	0	0	0	0.9	0
8:30	0	0	0	0	0	0.9	0
9:00	303	14.8	60	60	437.8	0.9	394.02
10:00	444	30	90	90	327	0.9	294.3
10:30	444	30	90	90	327	0.9	294.3
11:00	474	30	90	90	342	0.9	307.8
11:30	474	30	90	90	342	0.9	307.8
12:00	511	30	90	90	721	0.9	648.9
13:00	533	30	90	90	743	0.9	668.7
14:00	562	30	90	90	772	0.9	694.8
15:00	592	30	90	90	802	0.9	721.8
16:00	562	30	90	90	772	0.9	694.8
17:00	511	30	90	90	721	0.9	648.9
18:00	474	30	90	90	684	0.9	615.6
19:00	385	30	90	90	595	0.9	535.5
20:00	303	14.8	60	60	437.8	0.9	394.02
21:00	242	14.8	60	60	376.8	0.9	339.12
22:00	0	0	0	0	0	0.9	0
23:00	0	0	0	0	0	0.9	0
合计							7560.36

（5）整个供冷季常规空调运行电费计算

① 供冷季

5月1日至10月1日，150d。

② 各负荷占比，见表4-37。

各负荷占比统计表 表4-37

序号	负荷	占比	天数/d
1	100%负荷	20%	30
2	75%负荷	36%	54
3	50%负荷	32%	48
4	25%负荷	12%	18
5	合计	100%	150

③ 供冷季运行电费，见表 4-38。

供冷季运行电费计算表 表 4-38

序号	负荷	天数/d	日运行费用/元	小计
1	100%负荷	30	28350.18	850505.4
2	75%负荷	54	21380.76	1154561.04
3	50%负荷	48	14489.46	695494.08
4	25%负荷	18	7560.36	136086.48
5		150		2836647

④ 单位面积供冷费用

项目总建筑面积为 228622.82m^2，每平方米平均供冷费用为：

2836647/228622.82≈12.41 元/m^2/供冷季

4）水蓄冷空调与常规空调经济性比较，见表 4-39。

水蓄冷空调与常规空调经济性比较表 表 4-39

序号	内容	水蓄冷空调	常规空调	增减百分比
1	系统尖峰负荷/kW	13303	13303	0.0%
2	制冷主机容量/kW	13291	13291	0.0%
3	机房设备用电功率/kW	3264.8	3257.8	0.2%
4	机房设备概算/万元	1284.5	1024.1	25.4%
5	全年运行费用/万元	243.74	283.66	−14.1%
6	每年节约运行费用/万元		39.92	
7	回收年限		6.5 年	

4.2.7 结论

本项目建筑面积 22.86 万 m^2，设计冷负荷 13303kW，采用水蓄冷空调系统后，通过"移峰填谷"，每年可为电网转移高峰负荷约 97.68 万 kWh，具有巨大的环保效益。

本项目设计的水蓄冷机房系统投资约 1284.5 万元，年运行费用 243.74 万元，常规空调机房系统投资约 1024.1 万元，年运行费用 283.66 万元，水蓄冷系统比常规空调系统每年节省运行费用 39.92 万元，全年运行费用节省比例为 14.1%。比常规空调系统高出的投资部分在 6.5 年内就可以全部回收。水蓄冷系统使用寿命在 20 年以上，所以在 20 年内最少可以为用户节约运行费用 540 万元。

本项目利用消防水池兼做蓄冷水池，蓄冷量占比较小，约占设计日总负荷的 20%，相对来说节能效果不太显著，初投资回收期较长，优点是蓄冷水池不单独占用空间，节省机房有效面积。

4.3 电阻式锅炉水蓄热技术应用实例

4.3.1 项目概况

1）工程概况

本项目总建筑面积约 75274m²，空调面积 60000m²，地下 2 层、地上 25 层、裙楼地上 5 层，建筑性质为办公，项目设计尖峰热负荷 2671kW。

考虑到当时的市政能源条件和初投资与运行费用的效益比，以及机房的安全条件，该工程采用常压电阻式锅炉水蓄热系统，作为空调供暖热源。

2）设计依据

《工业建筑供暖通风与空气调节设计规范》GB 50019—2015

《公共建筑节能设计标准》GB 50189—2015

《建筑给水排水及采暖工程施工质量验收规范》GB 50242—2002

《工业设备及管道保温绝热工程设计规范》GB 50264—2013

《民用建筑电气设计标准》GB 51348—2019

《电加热锅炉技术条件》JB/T 10393—2002

《电加热锅炉系统经济运行》GB/T 19065—2011

《小型锅炉和常压热水锅炉技术条件》JB/T 7985—2002

《锅炉安全技术监察规程》TSG G0001—2012

《工业锅炉水质》GB/T 1576—2018

其他相关规范

3）电价政策

依据项目的建筑规模、使用功能和空调负荷情况等分析其用电情况，属于高需求商业服务业用电类型，峰谷电价政策见表 4-40。

一般工商业峰谷电价政策 表 4-40

分　类	时　段	蓄热空调电价/(元/kWh)
高峰时段	8:30～11:30	0.9789
	16:00～21:00	
平时段	7:00～8:30	0.6623
	11:30～16:00	
	21:00～23:00	
谷时段	23:00～07:00	0.3211

4）典型设计日逐时负荷情况

水蓄热空调系统的设备及蓄热方式的选择是以冬季空调设计日（最不利情况）的

逐时负荷分布为依据的。冬季空调设计日 100％负荷状态下的 24h 逐时热负荷情况，如图 4-19。

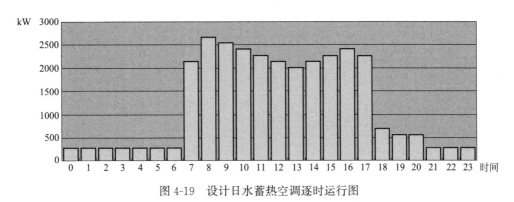

图 4-19　设计日水蓄热空调逐时运行图

4.3.2　蓄热设备确定

本项目采用钢制方形蓄热槽，设计日非谷电时段总热量为 27630kWh，蓄热槽供回水温度为 90℃/50℃。

1）蓄热槽尺寸确定

（1）蓄热槽体积确定

根据蓄热量计算公式：

$$Q = \rho C V (T_2 - T_1) \eta / 3600$$

式中：Q——蓄热水槽蓄热量，kWh；

ρ——水密度，kg/m³；

C——水的比热，kJ/（kg·K）；

V——蓄热开始时槽内水的容积，m³；

T_2——蓄热结束时槽内水的平均温度，℃；

T_1——蓄热开始时槽内水的平均温度，℃；

η——蓄热水槽的有效利用率，一般取 90％。

可得　　　　　　　　$V = 3600 Q / \rho C (T_2 - T_1) \eta$

$$= 3600 \times 27630 / 1000 \times 4.2 \times (90 - 50) \times 90\% \approx 660 \text{m}^3$$

（2）蓄热槽尺寸确定

锅炉房梁下高度为 3.6m，柱间净距为 7.2m，考虑保温和检修空间，蓄热槽设计净宽 6m，净高 3m，项目设计 2 个等尺寸的蓄热槽，每个的尺寸为长×宽×高＝18.5m×6m×3m，单槽有效容积为 333m³，两个蓄热槽的有效容积为 666m³，两个蓄热槽之间设置平衡管，管径为 DN200，并设置手动阀门一个，阀门平时常开，维修时关闭。

2）蓄热槽制作

蓄热槽材质为 Q235，现场焊接，加固方式为外加固，如图 4-20。

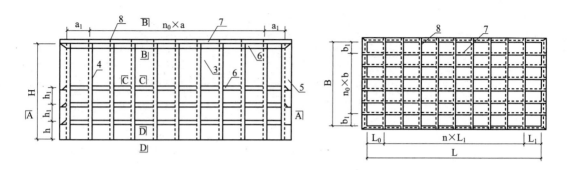

图 4-20 蓄热槽结构图

（1）编制排版图

根据设计施工图及钢板到货情况编制好排版图，施工班组按排版图进行准确的切割下料。

（2）放样、下料和切割

① 放样和下料应根据工艺要求预留焊接收缩余量及切割等加工余量。

② 焊接坡口表面不得有裂纹、分层、夹渣等缺陷，用火焰切割的坡口表面应将熔渣和氧化皮清除干净。

③ 切割后的坡口不得有裂纹和大于 1mm 的缺楞，对于切割停火接头和放炮造成大于 2mm 的缺楞必须补焊修磨平整。

④ 钢板下料控制偏差，见表 4-41。

钢板下料偏差允许表　　　　　　　　　　　　　　　　　　　表 4-41

测量部位		板长 AB(CD)/mm
宽度 AC、BD、EF		±1
长度 AB、CD		±1.5
对角线之差 |AD−BC|		≤2
直线度	AC、BD	≤1
	AB、CD	≤2

（3）蓄冰槽底板制作

按排版图排板拼接，拼接焊缝采用双面对接焊缝，焊完后用卷扬机反复辗压以矫正和消除残余应力，禁止锤击平整板材，需平整时应使用平板机。边缘板和中幅板局部凹凸度用 1m 长直尺检查，其间隙不应大于 6mm。

（4）壁板制作

① 壁板因槽体长、宽大，壁厚相对来说较薄，在焊接时，壁板很容易发生变形，这就要求壁板必须添加加强筋。根据设计图纸，先焊接竖向加强筋，然后用手动葫芦

把壁板固定在竖向加强筋上施焊,焊接时尽量减少纵向焊缝,钢板焊接完成后焊横向加强筋,防止槽体变形。

② 槽壁板与槽底边缘板之间的焊缝,应在壁板纵焊缝焊完后施焊。

注意:壁板先三面成型,预留一面作为蓄冰装置运输通道,等设备就位后再焊接预留面,整体成型。

(5)顶板制作

在槽壁板长边方向上根据外加强筋分布点,在对应侧壁板上用10♯槽钢和5♯角钢连接成型,然后把夹芯板按编号拼接铺设完成。

(6)蓄冰槽找漏

蓄冰槽焊接完成后,要进行煤油试漏,方法是在蓄冰槽内部焊缝上涂上滑石粉,在蓄冰槽外部焊缝上刷煤油,如果滑石粉变黑说明该焊缝有漏点,不变黑说明焊缝无渗漏。

3)防腐工艺

蓄热槽焊接试漏工作结束后,用磨光机、砂纸等工具,蓄热槽内外除锈,除锈标准为钢材表面无可见的油脂、污垢、氧化皮、铁锈等附着物,然后刷两遍无机富锌底漆防腐(耐温400℃),每道涂装间隔不低于8h。

4)保温工艺

蓄热槽保温采用聚氨酯现场发泡,外包0.5mm的彩钢板保护层。

(1)聚氨酯现场发泡技术优点

在现场发泡、喷涂(或灌注)聚氨酯泡沫塑料隔热层,其表面是整体,没有接缝,冷损失减少,而且施工效率高,易于达到质量要求,减少施工程序,还省去保温设备管道表面的防腐涂层。

(2)聚氨酯现场发泡施工工艺原理

聚氨酯泡沫塑料发泡喷涂、灌注工艺原理,是聚醚异氰酸酯的聚合反应能生成氨基甲酸酯,即能生成所需的聚氨基甲酸乙酯,也就是常称的聚氨酯泡沫塑料。

聚氨酯保温材料物理参数,见表4-42。

聚氨酯保温材料物理参数 表 4-42

技术性能	单位	参数
容量	kg/m³	45~60
导热系数	W/(m·K)	0.016~0.024
使用温度	℃	-90~+120
闭孔率	%	≥97
吸水率	kg/m²	≤0.2
氧指数	h	≥26
抗压强度	MPa	≥200

5）布水器的设计

在仔细研究本蓄热槽的输入条件后，可以得出这个蓄热槽有如下几个特点：

（1）开式蓄热槽，槽内充满水；

（2）蓄热槽为立式方形槽；

（3）蓄热槽底部为平面，顶部液位也为平面；

（4）布水器形状设计：根据对槽体结构的研究，本设计采用排管形布水器，布水器上下左右对称设计（如图 4-21、图 4-22 所示），使得布水器在水平方向受到的力互相抵消，布水器的每一个分配管开有呈 120°的侧向条缝。条缝在蓄水装置的断面上均匀分布，使得水均匀地在水平方向分布，上布水器条缝向上，下布水器条缝向下，以减小条缝出流对斜温层的扰动。布水器的整体尺寸比蓄水槽略小。

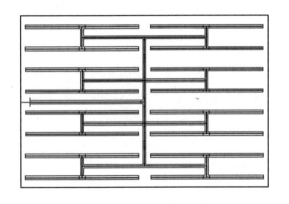

图 4-21　布水器平面布置图

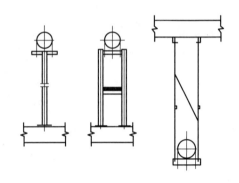

图 4-22　布水器支吊架大样图

4.3.3　系统设备配置

1）电阻式锅炉

（1）选型

从逐时负荷图可知本项目的设计日全天热负荷为 30000kW，供暖形式为电阻式锅炉全量蓄热，项目所在地谷电时段为晚 23：00 至第二天 7：00 的 8h，因此在谷电时段电阻式锅炉提供的热量不得低于 30000kWh。

根据公式：

$$Q_总 = QH\eta$$

式中：$Q_总$——全天热负荷；

　　　Q——电阻式锅炉供热负荷；

　　　H——谷电时段（晚 23：00～次日 7：00 的 8h）；

　　　η——电阻式锅炉的热效率，取 0.95。

计算可得：

$$Q=Q_总/H\eta=30000\text{kW}/8h\times0.95\approx3948\text{kW}/h$$

即电阻式锅炉的装机容量不得低于3948kW，结合低压配电和锅炉厂家的产品型号，本项目最终配置2台电功率为1980kW的电阻式锅炉，总装机容量3960kW，大于3948kW，满足使用要求。

（2）电锅炉布置要点

① 两台电锅炉集中布置，接口方向一致，主机布置时要考虑操作空间和维修空间。

② 电锅炉布置位置尽量靠近电压配电室，节省初投资和降低电压输送过程中的损失。

③ 电锅炉与蓄热水泵采用总集管连接，每台电锅炉的进口设置电动开关阀。

④ 电锅炉进出口管道要设置单独的支吊架，避免管道运行重量直接作用在设备上。

⑤ 电锅炉本体排污口设置双手动排污阀。

⑥ 电锅炉进口管最低处需设DN25排污阀。

2）板式换热器配置

（1）选型

板式换热器的换热量根据设计日的最大热负荷确定，本项目设计日最大热负荷为2671kW，板换选型一般考虑10%～25%的换热余量，本项目考虑20%的换热余量，板式换热器设计总换热量为：

$$2671\times120\%=3205.2\text{kW}$$

板式换热器设计1台，额定换热量为3200kW，一次侧温度为90℃/50℃、二次侧温度为55℃/45℃，将蓄热系统中循环的热水与通往空调末端系统的采暖水隔离，同时进行高温热水与采暖水之间的热交换，产生末端所需的采暖水，板式换热器承压为1.6MPa。

（2）板式换热器布置要点

① 板式换热器布置时要考虑其接管空间和维修空间。

② 板式换热器的进口管路上设置Y型过滤器。

③ 板式换热器设置于配套水泵前端，降低板式换热器压力。

④ 板换进出口管道设置单独的支吊架，避免管道运行重量直接作用在设备上。

⑤ 板换两侧进口最低点应设DN25排污阀。

3）水泵

（1）蓄热水泵

蓄热水泵配置2台（1用1备），需要满足蓄热工况时的流量要求。

电锅炉蓄热工况下额定制热量为3960kW，供回水温度为90℃/50℃，根据公式$Q=mc\Delta t$计算可得，流量为86m³/h，考虑量10%左右的安全系数，确定水泵流量为100m³/h。

蓄热水泵需克服电锅炉压力降、蓄热槽压力降、系统阀门与管路的阻力，根据厂家提供的资料，水泵的扬程取20m。

每台蓄热水泵的参数为：流量 $Q=100\text{m}^3/\text{h}$，扬程 $H=20\text{m}$，电功率 $N=11\text{kW}$。水泵工频控制。

（2）放热水泵

放冷水泵配置 2 台（1 用 1 备），其需要满足板式换热器的换热量要求，板式换热器的额定换热量为 3200kW，一次侧供回水温度为 90℃/50℃，根据公式 $Q=mc\Delta t$ 计算可得，流量为 $69\text{m}^3/\text{h}$，考虑量 10% 左右的安全系数，确定水泵流量为 $75\text{m}^3/\text{h}$。

放热水泵需克服电锅炉压力降、蓄热槽压力降、板式换热器压力降、蓄热槽压力降、系统阀门与管路的阻力，根据厂家提供的资料，水泵的扬程取 24m。

每台放热水泵的参数为：流量 $Q=75\text{m}^3/\text{h}$，扬程 $H=24\text{m}$，电功率 $N=11\text{kW}$。水泵变频控制。

（3）采暖水泵

采暖水泵配置 2 台（1 用 1 备），其流量根据板式换热器的换热量确定，换热器换热量为 3200kW，采暖供回水温度为 55℃/45℃，根据热量计算公式 $Q=mc\Delta t$ 计算可得，采暖水总流量为 $275\text{m}^3/\text{h}$，扬程根据设计院提供的最不利端计算参数取 32m，最终确定采暖水泵的参数为：流量 $Q=300\text{m}^3/\text{h}$，扬程 $H=32\text{m}$，电功率 $N=45\text{kW}$，水泵变频控制。

（4）水泵布置要点

① 根据电锅炉和板式换热器的位置，合理布置各系统水泵的安装位置，原则上是接管距离短，布置弯头少，同时考虑水泵的接管空间、维修空间。

② 水泵的进口管道上设置 Y 型过滤器，出口管道上设置止回阀，进出口均设置橡胶软接头。

③ 水泵进出口设置单独支吊架，避免管道运行重量直接作用在水泵上。

④ 蓄热水泵、放热水泵和采暖水泵采用主集管连接。

⑤ 水泵进口管的最低端设置 DN25 的排污阀。

4）定压装置

采暖系统定压装置采用高位水箱，设置于水系统的顶层屋面，高位水箱的有效容积由设计院设计提供，高温水箱位于室外，需要做防腐和绝热处理，蓄热水箱的溢流和排污管道汇集后，引入屋面排水系统，溢流管汇集于排污阀后面管段上。

5）控制系统

（1）控制系统组成

自控离散系统主要由三层构成：管理层、自控层和现场控制层。

（2）水蓄热热源系统控制

① 控制目的

控制系统通过对电锅炉、蓄热水槽、板式换热器、水泵、系统管路调节阀进行控制，调整蓄热系统各应用工况的运行模式，使系统在任何负荷情况下能达到设计参数并以最可靠的工况运行，保证空调的使用效果。同时在满足末端空调系统要求的前提下，整个系统达到最经济的运行状态，即系统的运行费用最低。提高系统的自动化水平，提高系统的管理效率和降低管理劳动强度。

② 热源系统控制范围及主要受控设备

水蓄热热源监控系统内需要控制的模拟量输入点（AI）、模拟量输出点（AO）、数字量输出点（DO）和数字量输入点（DI）共计 178 点，控制点的具体分布情况以及控制点的数量反映了监控系统的控制范围、主要受控对象和监控规模。

③ 系统主要温度控制参数，见表 4-43。

主要温度控制参数表　　　　　　　　　　　　　　　表 4-43

项目	电锅炉进口温度	电锅炉出口温度	蓄热槽进口温度	蓄热槽出口温度	板换进口温度	板换出口温度	空调采暖送水温度	空调采暖回水温度
蓄热工况	50℃	90℃	90℃	50℃	—	—	—	—
空调工况	50℃	50℃	50℃	90℃	90℃	50℃	55℃	45℃

④ 不同工况系统设备运行情况表

冬季不同工况空调机房设备转换，见表 4-44。

冬季不同工况空调机房设备转换表　　　　　　　　表 4-44

项目	电锅炉蓄热	蓄热装置单独供热	蓄热装置＋电锅炉联合供热	电锅炉单独供热
电锅炉	开	关	开	开
蓄热泵	开	关	关	关
放热泵	开	变频	变频	开
空调采暖泵	开	开	开	开

（3）运行工况优化控制方法

"Super modes"的控制方法。

① 电锅炉蓄热模式

夜间蓄热时间内，开启电锅炉，蓄热水泵把蓄热水槽内低温水通过下布水器进入电锅炉，电锅炉把水温升到 90℃后通过上布水器进入蓄热槽，直到蓄热结束。蓄热结束有如下三个判断依据（其中一个条件满足时，系统即判断蓄热结束，停止蓄热工况）：温度传感器指示下布水器流出的水温已达到蓄热设定温度；传感器指示已储存额定热量；控制系统的时间程序指示为非蓄热时间。

② 电锅炉单独供热模式

在蓄热水槽进行维修时，全量蓄热系统会在此工况下运行，此时电锅炉出口设定温度为 90℃。在采暖负荷变化时，电锅炉通过控制投入发热元器件的数量自行进行热量调节，跟随采暖负荷的变化而变化。

③ 蓄热水槽单独供热模式

当末端负荷不大于设计日负荷时，采用蓄热水槽单独供热工况。放热水泵直接从蓄热槽的上部抽取温度为90℃的热水并输送至供热板式换热器，采暖水在板换处升温后由采暖水泵输送到空调末端系统提供热量，一次侧高温水释热完毕进入蓄热槽的下部。为了避免蓄热槽内发生不合理的冷热混合造成热量浪费，放热水泵根据采暖供水温度进行变频运行，以保证较低的回水温度，尽量实现大温差运行。采暖水泵的控制方法同其他工况。

④ 蓄热水槽＋电锅炉联合供热模式

当末端的负荷大于设计日负荷时（极寒天气），蓄热量不能满足建筑全天的供暖需求，在平电时段需要电锅炉补充热量，此时系统在蓄热水槽与电锅炉联合供热模式下运行。

（4）电锅炉时序控制群控方法

此控制程序已经在国内很多蓄热中央空调系统中已经得到了检验，实际控制效果非常理想。

（5）运行状态控制

控制系统能按照末端负荷的变化，控制电锅炉、热水板式换热机组及外围设备的启停数量及监测上述设备的工作状况与运行参数，实现对上述设备的控制和运行参数、运行状态的数据采集，并以动态图形或数据表格的形式显示在计算机屏幕上。控制系统必须能够对一些需要的监测点进行趋势记录，要求控制系统可将系统负荷情况和设备运转状况记录下来，所有监测点和计算的数据均能满足自动定时打印的要求。包括但不限于以下各项：

电锅炉启停、状态、故障、报警、运行参数、工况转换；

蓄热/放热水泵启停、状态、故障、报警；

采暖水泵启停、状态、故障、报警；

蓄热水槽旁通阀的开度控制与开度反馈；

蓄热水槽溢流报警水位、极限报警水位；

板式换热器进出压力与温度；

蓄热水槽进、出口温度监测、显示、水分层状况显示、温度场动态监测；

所有电动阀开关、调节与阀位显示；

采暖系统供回水温度监测、显示，压力检测、显示；

室内外温湿度测量、显示，室外干球温度；

蓄热量测量与控制。

① 控制逻辑

夜间休息时段蓄热工况下，蓄热水泵定频运行，蓄热槽的供回水温度为90℃/50℃，直至蓄热水槽平均水温为90℃。

蓄热水槽单独供热模式下，放热水泵变频运行，放热速率按照负荷侧确定。

电锅炉单独供热模式下，电锅炉供回水温度为 90℃/50℃，放热水泵变流量运行，水泵根据设定的供回水压差和回水水温调节转速，实现变流量运行。

电锅炉和蓄热水槽联合运行时，根据系统预估各时段热负荷，合理分配蓄热水槽的放热时段和放热速率，合理分配平电时段电锅炉和蓄热槽的供热占比。

根据室内外温度设定值，切换冬夏季工况切换阀门，调整供冷和供热模式。

根据设定值启停定压补水泵，稳定系统内工作压力。

根据软化水箱和蓄热水槽内水位信号，开启软化水装置。

② 运行模式

控制系统应具有自动、遥控和手动三种运行模式。

自动模式是控制系统的正常运行模式，是在无人干预的情况下全自动实现系统所有的监控功能（除参数再设定、报表打印等必需的手动操作外）。

遥控模式是在主监控站的操作界面上对现场设备（电锅炉、水泵及电动阀体等）进行远程手动启停和调节；现场控制器要求提供控制端口，保证所有在现场手控能实现的控制功能（控制模式转换开关除外）均能由远端远程控制完成。

手动模式是在设备现场的控制柜或设备本体上完成对设备的单独操作（设备现场的控制柜必须包含设备启停等必备元器件）。在权限划分上，现场手动控制权限最大，一旦现场控制柜的转换开关调至"现场手动"，将屏蔽所有远端指令，包括自控和远程手动，由且仅由现场操作面板实施控制。

③ 系统优化控制

在满足末端负荷要求的前提下，充分发挥水蓄热系统优势，选择最佳的系统运行模式，确保电锅炉运行在最佳工作状态，以节约运行费用。

可通过对系统近期负荷、运行情况进行测量记录和对全年气象统计数据进行分析，自动逐时模拟预测并控制系统合理经济运行。

要求进行实时外温预测及负荷预测，根据系统能耗模型分析推算出最优化控制模式。

每次应启动累计运行时间最少的电锅炉，以达到运行时间的平衡。

自动控制电锅炉、循环水泵交替运行，平均分配各设备运行时间，对优先使用的设备进行指定，发生故障时自动切换备用系统。

④ 系统操作功能

操作人员应可进行人机对话，操作界面完全中文化，具有提示、帮助、参数设置、密匙设置、故障查询、历史记录等功能。

设置设备启停记录，应使用区别操作员的密码。

根据操作人员的不同操作权限设定不同级别的密码。

自控系统通信网络及各 DDC 控制站应具有自诊断和报警功能，发生故障时应向上层监控系统发出报警信号，并分析引发报警的原因，保证主监控站及时弹出报警画面和报警内容。应提供对网络故障、断电、设备硬件故障等问题的应急方案设计。

所有电动开关控制阀门须配有开/关触点掣，以便反馈有关的状态信号予控制器。而水流指示器的状态反馈信号亦需经时间延时器，以确保水流确立的信号稳定可靠。

⑤ 能耗管理系统说明

能耗管理系统通过配备的多功能电表实时监测并在上位机参数界面中显示，记录并保存数据。能耗管理系统与机房自控系统结合。

6）水蓄热机房主要设备配置，见表4-45。

水蓄热机房主要设备配置表　　　　　　　　　　　　　　　表 4-45

序号	设备名称	规格型号	单位	数量	单台功率/kW	合计功率/kW	备注
1	电阻式热水锅炉	制热量1980kW	台	2	1980	3960	
2	蓄热水槽	27630kWh666m³	套	1	0	0	钢制
3	板式换热器	额定换热量3200kW	台	1	0	0	
4	蓄热水泵	$Q=100\text{m}^3/\text{h}, H=20\text{m}$	台	2	11	11	一备
5	放热水泵	$Q=75\text{m}^3/\text{h}, H=24\text{m}$	台	2	11	11	一备
6	采暖水泵	$Q=300\text{m}^3/\text{h}, H=32\text{m}$	台	2	45	45	一杯
7	补水泵	$Q=2\text{m}^3/\text{h}, H=44\text{m}$	台	2	0.55	0.55	
8	软化水处理器	6t/h	套	1	0	0	
9	定压装置		套	1	0	0	
10	集水器		台	1	0	0	
11	分水器		台	1	0	0	
12	动力柜/mm	800×600×2200	套	2	0	0	
13	自控柜/mm	1200×600×2200	套	1	0	0	
14	合计					4027.55	

4.3.4　运行策略

1）设计日运行策略，如图4-23。

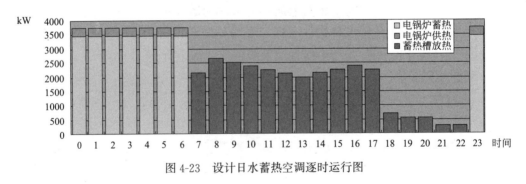

图 4-23　设计日水蓄热空调逐时运行图

（1）电锅炉蓄热兼供热模式（23：00～7：00）

夜间谷电时段开启2台电锅炉，电锅炉满负荷运行，在满足建筑供暖需求的前提下，剩余的热量储存在蓄热水槽中，总蓄热量为27630kWh。

（2）蓄热水槽单独供热模式（7：00～23：00）

本项目设计为全量蓄热，设计日非谷电时段所需热量完全由蓄热水槽提供，仅开启放热水泵和采暖水泵，所有电锅炉退出运行。

2）极寒天气运行策略

极寒天气情况下（室外温度低于设计温度），夜间谷电时段（23：00～次日7：00）系统在电锅炉蓄热兼供热模式下运行，峰电时段在蓄热装置单独供热模式下运行，平电时段以蓄热装置放热为主，电锅炉辅助运行满足建筑供暖。

3）小于设计日负荷运行策略

负荷小于设计负荷时，夜间谷电时段（23：00～次日7：00）系统在电锅炉蓄热兼供热模式下运行，非谷电时段在蓄热装置单独供热模式下运行，因蓄热装置采取了有效的保温措施，热量损失可以忽略不计，因此在供暖负荷小于蓄热负荷时，谷电时段仍蓄到额定蓄热量，具体蓄热时间控制程序自动调节。

4.3.5 水蓄热运行电费分析

1）设计日负荷时水蓄热空调运行电费计算，见表4-46。

设计日负荷时水蓄热空调运行电费表 表4-46

设备	电锅炉	蓄热水泵	放热水泵	采暖水泵	功率合计	电价	费用
	kW	kW	kW	kW	kW	元/kWh	元
0:00	3960	11	11	45	4027	0.3211	1293.0697
1:00	3960	11	11	45	4027	0.3211	1293.0697
2:00	3960	11	11	45	4027	0.3211	1293.0697
3:00	3960	11	11	45	4027	0.3211	1293.0697
4:00	3960	11	11	45	4027	0.3211	1293.0697
5:00	3960	11	11	45	4027	0.3211	1293.0697
6:00	3960	11	11	45	4027	0.3211	1293.0697
7:00			11	45	56	0.6623	37.0888
8:00			11	45	28	0.6623	18.5444
8:30			11	45	28	0.9789	27.4092
9:00			11	45	56	0.9789	54.8184
10:00			11	45	56	0.9789	54.8184
11:00			11	45	28	0.9789	27.4092
11:30			11	45	28	0.6623	18.5444
12:00			11	45	56	0.6623	37.0888
13:00			11	45	56	0.6623	37.0888
14:00			11	45	56	0.6623	37.0888

设备	电锅炉	蓄热水泵	放热水泵	采暖水泵	功率合计	电价	费用
	kW	kW	kW	kW	kW	元/kWh	元
15:00			11	45	56	0.6623	37.0888
16:00			11	45	56	0.9789	54.8184
17:00			11	45	56	0.9789	54.8184
18:00			11	45	56	0.9789	54.8184
19:00			11	45	56	0.9789	54.8184
20:00			11	45	56	0.9789	54.8184
21:00			11	45	56	0.6623	37.0888
22:00			11	45	56	0.6623	37.0888
23:00	3960	11	11	45	4027	0.3211	1293.0697
合计					33112		11079.8152

2）每个采暖季水蓄热运行电费

供暖季从 11 月 15 日至次年 3 月 15 日的 120 天，根据项目所在地近几年供暖情况，年调节系数为 0.7，每个采暖季水蓄热运行电费为：

$$11079.8152 \times 120 \times 0.7 \approx 930705 \ 元$$

3）每个采暖季每平方米水蓄热运行电费

整个项目空调面积约为 6 万 m^2，每个采暖季运行电费为：

$$930705 \div 60000 = 15.52 \ 元/m^2$$

4.3.6 结论

电阻式锅炉是以电力为能源，将电能转换成热能，不仅不会对环境造成污染，还具有保护环境的作用，且无烟尘无噪声，本项目锅炉热效率≥95%。

本项目电阻式锅炉水蓄热系统设计为单一容量规格，基本达到了全量蓄热的要求。

就水蓄热装置而言，采用常压形式可使得控制和保护系统要求较低，蓄热装置加工要求一般，单蓄热和供热温差有限，但体积蓄热量较小。结合本工程的实际情况，机房为上层人员密集办公区，从安全角度考虑，采用常压蓄热水箱，设计蓄热温度为90℃，且受层高限制，蓄热水箱只做到3m高。

水蓄热系统具有非常高的自动化功能，在进行启停调节的时候会比较方便，运行的过程也是非常安全可靠。

采用蓄热技术，本项目每天大约可以转移峰电负荷 32216kW，每个供暖季可以转移峰电负荷约 270 万 kW，从而移峰填谷平衡电网用电负荷，输配电损失较少，为电力供应和生产带来显著效益，从整个社会层面来说是非常节能的。

采用蓄热技术，本项目每个供暖季供暖费用约 15.52 元/m^2，当地市政收费为 30 元/m^2，运行费用降低约 50%，有显著的经济效益和社会效益。

4.4 电极锅炉技术应用实例

4.4.1 电极锅炉技术介绍

1) 工作原理

电极锅炉是利用水的高热阻特性，直接将电能转换为热能的一种装置。

电极锅炉主要包括筒体、加热电极、高压配电系统、控制系统等，加热电压采用中电压，一般为 6~35kV，现在市场上最常用的为 10kV 电压等级的电极锅炉，加热原理是三相电压中电流通过三相电极棒给设定电导率的炉水放出大量热能，从而产生可以控制和利用的热水或者蒸汽来满足负荷侧的需求。

2) 产品分类

(1) 根据水流与电极的接触方式的不同，电极锅炉主要有以下两种结构形式：

① 浸没式电极锅炉

是指连接高压电源的电极直接浸没在锅炉的炉水中进行加热。炉水与锅炉外壁采用绝缘隔离的方式，避免锅炉金属筒体带电。

② 喷射式电极锅炉

是指炉水直接喷射到电极上进行加热，而不是电极直接浸没在炉水中。因此电极与锅炉金属筒体是"相对隔离"的，金属筒体不需要绝缘。

(2) 两种结构形式的分析

① 两者的循环水量有较大差异，浸没式锅炉循环水量主要是补充蒸发损失的水量，因此水量较少。而喷射式锅炉是靠喷射的水量来维持其加热功率，因此喷射的水量非常大。

② 两种形式电极与炉水的接触面积不同，其电阻差别较大，因此对炉水的电导率要求差别较大。浸没式电极锅炉的电导率一般要求常温下在 $10\mu s/cm$ 左右，而喷射式电极锅炉的电导率一般要求在 $1700\mu s/cm$ 左右。

③ 绝缘要求不同。浸没式电极与炉水直接接触，因此要求与电极接触的炉水部分与锅炉金属筒体绝缘隔离，而喷射式电极与炉水不直接接触，金属筒体不需绝缘隔离。

④ 电源要求不同。浸没式电极锅炉三相电极处于对称状态，因此对进线电源没有特殊要求。而喷射式电极锅炉结构为三相不对称运行加热，因此要求进线为三相四线中心点接地。

⑤ 蒸汽品质不同。蒸汽一般不溶解盐，只有携带的水中含有盐。在相同的蒸汽湿度下，喷射式的含盐量要高于浸没式。

因此现在国内使用的电极锅炉一般为浸没式。

3) 技术特点

(1) 电极锅炉技术特点

① 高压电极锅炉是利用水的导电性直接加热，因此电能全部转换成热能，不会出现传统锅炉缺水干烧现象，因此可以通过调节锅内水位高低，达到调节运行负荷的效果，即水位调节可在 0～100％；当锅炉缺水时，电极之间的电流通道自然切断，传热面积调节也可在 0～100％，进而电阻调节也可在 0～100％，相对传统锅炉，调节范围更广。

② 电极锅炉直接采用高压电（6～35kV），从用户高压配电柜出线口直接接入电极锅炉的电极上端，无需设置变压器以及变压器后的配电系统，减少电力损耗并降低电力初投资费用。

③ 同等制热量的电极锅炉体积要远小于传统锅炉，吨位越大，体积差别越大，与常规锅炉相比可以节省安装空间。

④ 电极锅炉启动迅速，从冷态启动到满负荷只需要几十分钟，从热态启动到满负荷只需要几分钟，而常规锅炉启动时间非常长，从冷态启动到满负荷一般需要一小时以上，从热态启动到满负荷也需要 15～20 分钟。

⑤ 电极锅炉的电热元器件远少于常规电锅炉的电热元器件，设备故障率低，维护保养方面相对简单。

⑥ 电极锅炉自动化程度较高，可实现无人值守，较少运行人员，劳动力成本大幅度降低。

⑦ 可以与各种储能设备联合，做到调峰运行，而不影响供热。

⑧ 电能为清洁能源，电极锅炉运行中"零污染、零排放"，符合国家环保战略目标的要求，运行中无环保方面的后顾之忧。

4）应用领域

（1）城市大面积集中清洁供暖

在新疆地区因峰电和谷电差价较小，一般采用电极锅炉直供式清洁供暖，其他北方地区因峰电和谷电差价一般超过 3 倍，一般采用电极锅炉和储能设备联合清洁供暖。

（2）能源调节与消纳

易波动类型清洁能源（风电、生物质、光伏光热、潮汐等）及分布式能源的调节与消纳。电极锅炉和蓄能装置联合运行，对易波动型清洁能源及分布式能源进行调节与消纳。

（3）智能电网电力负荷调节

电极锅炉和蓄能装置联合运行，对智能电网电力负荷进行调节。

（4）孤网和微网运行负荷的急速调节

利用了电极锅炉启动速度快的特性。

（5）轻重工业及军事工业生产

利用了电极锅炉清洁能源和运行安全可靠的特性。

从主要应用领域的分析可知，电极锅炉在使用过程中主要还是与蓄能技术相结合，现在国内应用最广泛的是电极锅炉水蓄热系统，该系统具有如下优点：

（1）自动化程度高，可根据室外温度变化调节采暖供水温度，运行合理，节约能源消耗。

（2）运行安全可靠，具有过温、过压、过流、短路、断水、缺相等六重自动保护功能，实现了机电一体化。

（3）无噪声、无污染、占地少（锅炉本体体积小，设备布置紧凑，不需要烟囱和燃料堆放地，锅炉房可建在地下）。

（4）热效率高，运行费用低，可充分利用低谷电。

（5）操作方便，可实现无人值守，节约人工费用。

（6）适用范围广，可满足商场、办公、宾馆、机关、学校、厂房等多种取暖方式的需要。

（7）可以平衡电网峰谷负荷差，减轻电厂建设压力。

（8）未来电价呈下降的趋势，运行成本会进一步降低，经济效益会更加可观。

4.4.2　应用案例

1）工程概况

某制药企业配置电极锅炉，用于采暖和供蒸汽，其原始数据和要求如下：

（1）供暖说明

① 供暖区域及面积

一区：造血干细胞车间供暖面积 2720m²（共两层，层高 3m，只四周走廊供暖，有中央空调）；

二区：细胞制备中心供暖面积 4000m²（共两层，一层高度 4.8m，二层高度 3.5m）；

三区：细胞检测及辅助中心供暖面积 3500m²（共 4 层：一、四层高 4.2m；二、三层高 3.9m）

四区：外用药车间供暖面积 2121m²（局部两层，只四周走廊供暖，有中央空调）；

五区：无菌车间供暖面积 1993m²（局部两层，只四周走廊供暖，有中央空调）；

六区：办公楼、车库、门卫供暖面积 9900m²（办公楼 8 层结构，层高 3m；车库和门卫一层）；

七区：宿舍楼供暖面积 16938m²（16 层，层高 2.8m）；

八区：仓库供暖面积 7250m²（一层 4.8m，二层 3.5m），辅助房供暖面积 3000m²（局部两层，层高 3.2m）。

② 供暖温度

上述一、二、四、五区供暖温度 18℃；三、六、七区供暖温度 20℃；八区供暖温度 15℃；总供暖面积 51422m²，采暖期 6 个月。

（2）生产用气说明

生产用气压力 0.7～0.8MPa，最大用气量 2t/h，具体用量根据生产任务确定。

（3）设计依据

国家及地方现行的有关规范、规定和标准：

《民用建筑设计通则》GB 50352—2019

《公共建筑节能设计标准》GB 50189—2015

《建筑设计防火规范》GB 50016—2014（2018 年版）

《民用建筑供暖通风与空气调节设计规范》GB 50736—2012

《民用建筑热工设计规范》GB 20176—2016

《冷暖通风设备包装通用技术条件》JB/T 9065—1999

《全国民用建筑工程设计技术措施 暖通空调·动力》（2009 年版）

建设单位提供的使用功能要求及有关文件。

（4）项目所在地电价，见表 4-47。

项目执行电价标准　　　　　　　　　　　　　　　　　表 4-47

类别	时段	电价/(元/kWh)
峰电	7:00～11:30、17:00～20:30	0.6953
平电	6:30～7:00、11:30～17:00	0.5858
谷电	20:30～6:30	0.3263

（5）典型设计日逐时负荷情况

冬季空调设计日 100％负荷状态下的 24h 逐时热负荷情况如图 4-24。

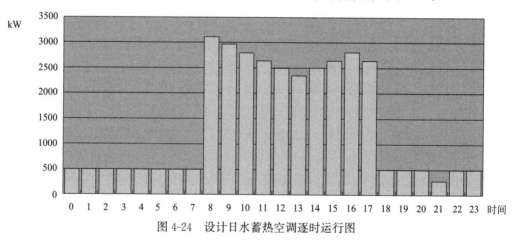

图 4-24　设计日水蓄热空调逐时运行图

（6）电极锅炉蓄热系统流程，如图 4-25。

2）系统设备配置

（1）电极锅炉

从上面的负荷图可知供暖尖峰热负荷为 3120kW，全天热负荷为 33228kWh，谷电为 10h，电极锅炉从开炉到达到额定负荷大约需要 20min，停炉所需时间也接近，蓄热时间按 9h 计算，电极锅炉功率为：

$$33228 \div 9 = 3692kW$$

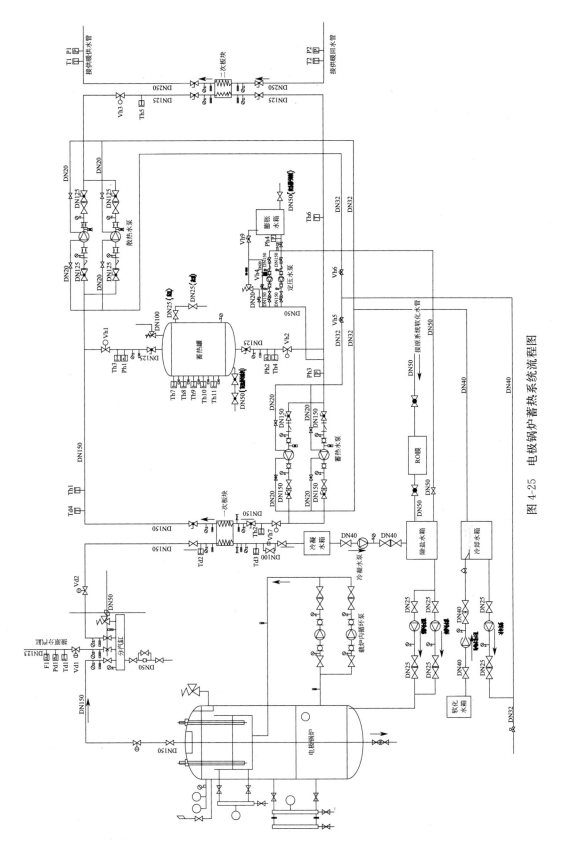

图 4-25 电极锅炉蓄热系统流程图

生产设计蒸汽压力 0.8MPa，饱和蒸汽温度 185℃，最大用量 2.0t/h，按电蒸汽锅炉热效率 99％计算，电锅炉功率为 1.42MW。

用蒸汽的时间是非低谷时段，与晚上蓄热采暖时间刚好错开，因此选用一台蒸汽锅炉即可，考虑一定的余量，选用 1 台 5MW（5000kW）的电极式蒸汽锅炉，输出 0.8MPa 的饱和蒸汽，经分汽缸后，一路接至板换换热提供 130℃的高温热水（用于换热采暖时蒸汽温度控制在 150℃）；一路直接接往蒸汽管道。

因本项目生产用汽量与工厂生产计划有关，且为多个车间用汽，因此供汽量和供汽时间会随时调整，电极锅炉负荷变化频率快，为保证安全和经济运行，设计时考虑两路负荷的用量自动调整，当生产负荷发生变化时，调整负荷期间多余的热量输送到采暖系统。

电源需求：业主提供一路 10kV 5MW 容量的电源：通过高压配电柜后分为：

① 1 路 10kV 供电，5.0MW 电源（三相三线），容量按选定的锅炉容量 100％进行配置。

② 通过原有的燃煤锅炉辅机电源提供一路 380V AC、200kVA 的电源（三相四线），用于给电极式锅炉的辅机及系统辅机供电，以及其他检修等供电。

水源要求：业主提供自来水，水质要求电导率不高于 700μs/cm，水质满足 GB/T 1576—2018 工业锅炉水质要求。

（2）蓄热设备

本项目为改造项目，安装空间有限，因此选用高温承压储热罐，蓄热温度 130℃，放热结束温度 55℃，可利用温度为 75℃，设计日非谷电时段的采暖负荷为 28548kWh，根据热量公式 $Q=mc\Delta t$ 计算可知蓄热容积为：

$$28548 \times 0.86 \div 75 \approx 328m^3$$

蓄热罐的安装空间尺寸为长×宽×高＝8.2m×7.2m×12.5m；蓄热罐现场制作，为圆柱形立式罐，直径 6.5m，高度 11.5m，直筒高度 9m。

① 直筒体积

$$V_1 = \pi \left(\frac{D}{2}\right)^2 \cdot H = 3.14 \times (6.5/2)^2 \times 8.5 \approx 282m^3$$

② 封头体积

近似公式 $V_2 = (3.14 \times D^3)/24 = 3.14 \times 6.5^3/24 \approx 36m^3$

③ 蓄热罐总容积

$$V_1 + 2V_2 = 282 + 2 \times 36 = 354m^3 > 328m^3$$

因此蓄热罐容积满足全量蓄热要求，蓄热罐材质为 Q345 容器钢，蓄热罐内设置上下一组 304 不锈钢圆盘形布水器，罐外保温厚度 100mm，外包 0.5mm 彩钢板保护层。

（3）板式换热器

二次侧板式换热器的换热量根据末端总负荷选择并能满足极寒天气时的建筑采

暖，设计负荷 3.12MW，考虑极寒天气的影响，并考虑一定的安全系数，配置 1 台 4MW 的板式换热器，换热器一次侧的供回水温度为 130℃/55℃，二次侧的供回水温度为 60℃/45℃，换热器采用 SUS316L 不锈钢板片，换热器承压 1.6MPa。

（4）水泵

① 蓄热水泵

蓄热水泵采用高温泵，并能达到连续运行 180d 的性能要求，根据热量计算公式 $Q=mc\Delta t$ 计算可得水泵流量为 75m³/h，蓄热水泵需要克服电极锅炉一次侧板换压降、蓄热罐压降，阀门及管路压降，水泵扬程选择 24m。

配置 2 台蓄热水泵（一用一备），单台水泵循环水量为 75m³/h，扬程 24m，配电功率 11kW。

水泵结构形式为卧式后开门单级单吸离心泵，符合 API610 以及 ISO 2858/DIN 24256 标准。水泵泵体采用铸铁，叶轮材质为青铜，水泵耐温 150℃，承压 1.6MPa。

② 放热水泵

放热水泵采用高温泵，并能达到连续运行 180d 的性能要求，根据热量计算公式 $Q=mc\Delta t$ 计算可得水泵流量为 60m³/h，放热水泵需要克服二次侧板换压降、蓄热罐压降、阀门及管路压降，水泵扬程选择 24m。

配置 2 台放热水泵（一用一备），单台水泵循环水量为 60m³/h，扬程 24m，配电功率 11kW。

水泵结构形式为卧式后开门单级单吸离心泵，符合 API610 以及 ISO 2858/DIN 24256 标准。水泵泵体采用铸铁，叶轮材质为青铜，水泵耐温 150℃，承压 1.6MPa。

③ 采暖循环泵

采暖循环泵利用原系统循环泵，水泵两台，一用一备，单台功率 30kW。

（5）纯水系统

供热系统配置 1 台额定制水量为 4t/h 的 RO 膜反渗透装置，出水电导率控制在 5μm/cm，保证锅炉的用水需求。

（6）自控装置与系统

自控装置与系统是组成蓄热空调系统的关键部分，自控设备均工作在条件相对恶劣的环境中，电动阀、传感元件均需在高温下工作，自控硬件均采用进口设备。本工程采用 SIEMENS 控制产品，该类产品因其无可挑剔的质量和极高的可靠性在电厂控制中得到广泛的应用。

本工程采用 SIEMENS 工业级的可编程序控制器（PLC）作为下位机系统，采用工业控制机与打印机作为上位机，确保实现蓄热系统和供气系统的参数化与全自动运行，实现系统的智能化运行。并和 BAS 系统兼容，在 BAS 系统上能监控蓄热系统。

在下位机系统中配置彩色中文人机对话屏，确保系统的上、下位机控制功能、控制档次不变，中文操作界面直观友好。

3）运行控制

（1）系统流程简介

电极式电锅炉输出185℃饱和蒸汽，经分汽缸后，一路接至板换换热提供130℃的高温热水（用于换热采暖时蒸汽温度控制在150℃）；一路直接接往蒸汽管道。

蓄热系统采用串联循环回路方式，在此循环回路中，电极锅炉与蓄热罐、板式换热器、蓄热循环泵、定压系统等设备组成蓄热系统，蓄热系统按以下3种工作模式进行：

① 电极锅炉蓄热兼供热模式；

② 蓄热罐单独供热模式；

③ 电极锅炉与蓄热罐联合供热模式。

生产系统通过生产用分气缸分成四路，分别给四个生产车间供汽，每路均设切换阀门，可以单独控制。

（2）系统流程说明

串联循环回路中蓄热循环泵的出口与一次板式换热器相联，进口可根据工况要求与蓄热装置相联，也可切换成与二次板式换热器相通，满足系统在各工况下对蓄热回路的要求。

通往末端的供热回路与蓄热水回路通过板式换热器进行热交换，彼此完全隔离，在采暖与供热期间，换热器将蓄热系统中循环的高温蓄热水调整到采暖需要的温度，同时保证蓄热水仅在蓄热系统中流动，降低了末端系统设计与维护难度。

回路中配置4套电动阀，在控制系统指示下进行工况转换与系统保护，根据热负荷变化，调节进入蓄热装置的蓄热水流量，以保证经过换热器向空调系统提供恒定的热水温度，满足热负荷需求。

供暖支路和生产支路上均装设电动调节阀，两路阀门自动调节开启比例，满足供暖和生产需求。

（3）运行策略

因本项目采用全量蓄热，运行策略如下：

① 极寒天气情况下（室外温度低于设计温度），谷电时段（20：30～次日6：30）系统在电极锅炉蓄热兼供热模式下运行，峰电时段在蓄热罐单独供热模式下运行，平电时段以蓄热罐放热为主，电极锅炉辅助运行满足建筑供暖。

② 负荷不大于设计负荷时，夜间谷电时段（20：30～次日6：30）系统在电极锅炉蓄热兼供热模式下运行，非谷电时段在蓄热罐单独供热模式下运行，因蓄热罐采取了有效的保温措施，热量损失可以忽略不计，因此在供暖负荷小于蓄热负荷时，谷电时段仍蓄到额定蓄热量，具体蓄热时间控制程序自动调节。

③ 8：00～18：00生产用气时段，系统在电极锅炉供气＋蓄热罐供热模式下运行，当用汽负荷发生变化时，控制系统自动调节用汽支路和供暖支路上的电动调节阀，生产余汽进入采暖系统，以保证系统安全、经济运行。

4）经济型分析

（1）实际负荷为设计日负荷时水蓄热空调运行费用计算，见表4-48。

设计日负荷时水蓄热空调运行电费计算表 表 4-48

设备	电极锅炉	蓄热（放热）水泵	采暖水泵	功率合计	电价	费用
	kW	kW	kW	kW	元/kWh	元
0:00	3768	11	30	3809	0.3263	1242.8767
1:00	3768	11	30	3809	0.3263	1242.8767
2:00	3768	11	30	3809	0.3263	1242.8767
3:00	3768	11	30	3809	0.3263	1242.8767
4:00	3768	11	30	3809	0.3263	1242.8767
5:00	3768	11	30	3809	0.3263	1242.8767
6:00		11	30	20.5	0.3263	6.68915
6:30		11	30	20.5	0.5858	12.0089
7:00		11	30	41	0.6953	28.5073
8:00		11	30	41	0.6953	28.5073
9:00		11	30	41	0.6953	28.5073
10:00		11	30	41	0.6953	28.5073
11:00		11	30	20.5	0.6953	14.25365
11:30		11	30	20.5	0.5858	12.0089
12:00		11	30	41	0.5858	24.0178
13:00		11	30	41	0.5858	24.0178
14:00		11	30	41	0.5858	24.0178
15:00		11	30	41	0.5858	24.0178
16:00		11	30	41	0.5858	24.0178
17:00		11	30	41	0.6953	28.5073
18:00		11	30	41	0.6953	28.5073
19:00		11	30	41	0.6953	28.5073
20:00		11	30	20.5	0.6953	14.25365
20:30		11	30	20.5	0.3263	6.68915
21:00	3768	11	30	3809	0.3263	1242.8767
22:00	3768	11	30	3809	0.3263	1242.8767
23:00	3768	11	30	3809	0.3263	1242.8767
合计				34978		11571.4338

（2）每个采暖季水蓄热运行电费

供暖季从 10 月 15 日至次年 4 月 15 日的 180d，根据往年供暖情况，年调节系数为 0.65，每个采暖季电极锅炉水蓄热运行电费为：

$$11571.4338 \times 180 \times 0.65 \approx 1353858 \ 元$$

（3）每个采暖季每平方米水蓄热运行电费

整个项目空调面积约为 5.2 万 m^2，每个采暖季运行电费为：135.39 万元/5.2 万 m^2 ≈ 26 元/m^2。